iHuman

成
为
更
好
的
人

U0320485

建筑，
从那一天开始

あの日からの建築

［日］伊东丰雄 著
Toyo Ito

李敏 译

广西师范大学出版社
GUANGXI NORMAL UNIVERSITY PRESS
·桂林·

JianZhu, Cong Na Yi Tian KaiShi

建筑，从那一天开始

"ANOHI KARA NO KENCHIKU" by Toyo Ito

Copyright © Ito Toyo 2012

All rights reserved.

Original Japanese edition published in 2012 by Shueisha Inc., Tokyo

This Simplified Chinese edition published by arrangement with
Shueisha Inc., Tokyo in care of Tuttle-Mori Agency, Inc., Tokyo
through Beijing GW Culture Communications Co., Ltd., Beijing

著作权合同登记号桂图登字：20-2017-075 号

图书在版编目（CIP）数据

建筑，从那一天开始 / （日）伊东丰雄著；李敏译.
桂林：广西师范大学出版社，2017.7（2018.10 重印）
ISBN 978-7-5495-9669-0

Ⅰ．①建… Ⅱ．①伊…②李… Ⅲ．①建筑设计
Ⅳ．①TU2

中国版本图书馆 CIP 数据核字（2017）第 070872 号

广西师范大学出版社出版发行

（广西桂林市五里店路 9 号　邮政编码：541004）

网址：http://www.bbtpress.com

出版人：张艺兵

全国新华书店经销

湖南省众鑫印务有限公司印刷

（长沙县榔梨镇保家村　邮政编码：410000）

开本：787 mm × 1 092 mm　1/32

印张：4.75　　　　字数：58 千字

2017 年 7 月第 1 版　　2018 年 10 月第 4 次印刷

定价：58.00 元

如发现印装质量问题，影响阅读，请与出版社发行部门联系调换。

近代合理主義思想に従った現代建築は、
自然を克服出来ると考えた結果、地域性
や歴史性を失って世界を均質化しました。
しかし我々はいま、自然を敬い、自然と親密
な関係を結ぶ建築を構想し、「この場所に
しかない建築」をつくらなくてはならないと思います。

Toyo Ito

伊东丰雄《建筑，从那一天开始》简体中文版出版寄语：

人类曾自以为，遵循近代合理主义思想设计而成的现代建筑，能够战胜自然。然而其结果，
却使得建筑失去了原本拥有的地域性与历史性，导致了世界的同质化。此刻我们所考虑
的，是必须构思出尊重自然、亲近自然的建筑，创造"为此地而生的建筑"。

Toyo Ito

前言

　　距离东日本大地震发生的那一天，已经过去了一年半的时间。在这期间，我曾数次前往灾区。而每去一次后我都不禁自问，自己设计的建筑究竟为何物？它们以何人为对象，又是出于何种目的而进行的设计？随着前往次数的增多，这种疑问也在不断加深。

　　每一位建筑师，都是出于为社会、为人类造福的目的而设计建筑，这一点毋庸置疑。即便是去问那些立志从事建筑设计的学生们，他们想要实现自我价值的初衷是什么时，得到的答案也几乎可以说是绝对的，那就是：为人类聚集之处，赋予一个新的形态。

　　然而，在这个全球经济支配下的现代社会中，建筑被一种远远超出建筑师的善意与自身伦理价值观的力量所建造、毁灭着。在那里，几乎不存在像曾经那样的公共空间抑或社区的容身之所。不仅如此，为了促使经济更加有效地循环，人们甚至不惜将共同体彻底瓦解成个体。身处这个由巨大资本带动运转的巨大都市中，建筑人究竟应当如何应对上述这些问题？正当人们迫于寻找答案之际，地震发生了。

去往岩手县的釜石，需要坐新干线到新花卷后，再乘车约两小时穿越远野[1]的平野。靠近村庄的山脉在被黄色覆盖的梯田尽头蔓延，其间时而点缀着南部地区特有的呈 L 字形的民宅。这里，依旧残存着日本农村原有的美丽风貌。

然而车穿过长长的隧道，逐渐接近釜石海岸时，沿途的风景骤变。屋檐残骸虽然已基本得到清理，然而所到之地处处残留着海啸肆虐后的痕迹。市中心的商业街上，一层空空如也的建筑鳞次栉比，住宅区也只能从残留的混凝土框架隐约分辨出建筑原先的形态。然而即便如此，荒凉的釜石街道仍在一点点恢复原有的生机与活力。重新开张的鱼市上，地震发生后曾一度消失的海鸥开始穿梭来往。清理过后的瓦砾间，野花在绽放。

经历了灾难的人们，如今他们脸上的表情，与之前相比也鲜活了许多。在与他们交往熟识的过程中，那些曾被忘却许久的故乡记忆，又突然浮现在我的眼前。

第二次世界大战开战的那一年，我在京城（现在的首尔附近）出生了。两岁的时候，我被带回父亲的故乡信州，在那

1　日本地名。——译者注。

里度过了少年时代。那时，我每天都赤足奔跑在山脉环绕的诹访盆地的田野上。那里的冬天，寒冷程度绝不亚于东北地区[1]。人们就是在这样的自然环境中从事农耕，过着集体意识强烈的生活。在一次次造访东北的过程中，故乡的记忆突然被唤醒。

对于少年时代的我而言，东京是一个仅存在于幻想之中的地方，那里令我无限憧憬。我第一次随父母来到东京，是小学五年级的时候。对于一个秃脑壳的乡下孩子而言，东京仿佛是一个梦幻的世界。一切人与物，在自己眼中都熠熠生辉，无论对方对我说些什么，我能做出的反应也只有垂首点头称是而已。

从那以后，东京对我而言就是世界的全部。初中三年级时我搬到东京居住。在考入当地的高中后，我总算有勇气尝试成为东京人中的一员，但即便如此，心中的那种自卑感依旧未曾消失。

当我在大学开始学习建筑时，恰逢东京申奥成功，随着首都高速公路的建设与新干线的开通，东京成为了世界上屈指可数的大都市。因此当我开始独立从事建筑设计后，设计建筑的初衷和目的依旧围绕着东京。如今重读当时的文章，不禁为自己当初对东京的迷恋而惊讶不已。

---

[1] 特指日本东北地区。包括：青森县、岩手县、秋田县、宫城县、山形县、福岛县。——译者注。

东京给予我的是一种"新鲜感"。也许我那时一直坚信，东京这座城市能够提供给我实现未来梦想的一种东西。对于我而言，"现代"即等价于东京。

二十世纪八〇年代，东京沉沦于泡沫经济之中，徘徊在这样一个都市空间中的我，产生了一种想法——我想设计出在空中飘扬的布一般无存在感的建筑。更灵巧，更透明，更轻薄，更平坦……游离于地表，成为装饰这个世界的无数浮游标记之一的游牧建筑。

然而迎来二十一世纪的东京，曾经的魅力已不复存在。它已经不再是那座让我对未来充满希望的城市了。

曾让我一直固执追寻的东京建筑，如今不过是将原本无法看到的巨大资本潮流可视化的装置。我从那里丝毫感受不到可称为梦想或是浪漫的东西。或许，这正是现代社会行进的终点站也未可知。然而，从以数万年计数的人类历史视角而言，现代社会不过是稍纵即逝的一个瞬间。在它之后，势必会诞生一个充满梦想的崭新的自然世界。

在去往灾区期间，我也在期许着寻找与未来世界接轨的自然。身处东北地区，我感觉自己仿佛回到了故乡一般。自从离开信州以来，我第一次发现乡下竟如此有魅力。一直在奔赴东京的旅途中风尘仆仆的我，似乎在走过一巡之后又回到了自然之地。

然而对于我而言，这正是寻找建筑之旅的起点。

东京已然失去的富饶，在东北依旧存在。为何"富饶"，因为在那个世界中，人与自然合二而一。人们对生活在自然的恩惠之中心怀感恩，因此即使为自然的凶猛之势所屈服，也绝不会怨恨自然，更不会对它失去信赖。无论历经多少次海啸，人们在灾难过后依旧发自内心地希望重返海边，这就是最好的证明。

灾区今后的复兴无疑会面临重重困难，用五年或十年短暂的时间重建起安全美丽的街道似乎是不可能的。然而，在这里一定存在着与东京那样的现代都市隔岸相望的未来街道的雏形。大地震仿佛用惨痛的代价告诉我们，二十一世纪人类社会的模型并非是东京，而是存在于东北这片土地上。因为，对自然与人类失去信赖的地方，不可能成为寄托人类未来之地。

目 录

前言   I

第一章   始于那一天的「建筑」

002   地震发生当日之事

009   从灾区看到的光明

011   身为建筑师能够做些什么?

011   决定灾后重建的基本立足点

019   海啸与核泄漏事故两种对比鲜明的灾害

020   建筑与安全性

第二章 —— 釜石复兴项目

024 同釜石之缘

025 倾听居民的心声

026 我们想同昔日伙伴重回故地朝夕相伴

028 缺乏实际性的复兴规划

030 贴合地域特点的集体住宅提案

032 "人字形木屋顶结构式"集体住宅

035 复苏商业街的尝试

037 防洪堤上的露天橄榄球场

第三章 —— 心灵寄居之所『大众之家』

042 "大众之家"项目

045 倾听生活在临时住房中人们的心声

046 心连心的建筑

050 "建造"与"居住"的一致性

052 "大众之家"从这里延续

055 威尼斯建筑双年展与陆前高田的"大众之家"

第四章

关于『伊东建筑塾』

062 创建建筑塾

062 建造"格林格林绿化馆"的经历

065 在建筑塾中教授什么?

069 学术建筑教育中的"概念"是什么?

070 游离于现实社会之外的建筑教育

071 拥有社会意识的重要性

第五章

我走过的路

074 学生时代的事

076 启蒙导师菊竹清训

079 首次接触海外的现代建筑

082 对大阪世博会的质疑

083 反映着时代闭塞感的建筑

085 向拥有社会性建筑的转变

088 泡沫时期在东京构思的"形象式建筑"

092 公共建筑处女作

094 欲打破公共建筑拥有的权威性

095 仙台媒体中心

097 存在于空间感觉中最底层之物

099 让建筑亲近自然

101 重新思考内与外的关系

105 打破建筑的模式性

第六章 ——对于今后建筑的思考

110 日本社会中的建筑师

112 被社会型项目敬而远之的建筑师

113 突破批判性的难度

114 改变建筑师与社会间的关系需要什么？

115 对日本客户的期望

117 通过住宅建筑崭露头角的日本青年建筑师

119 从世界资本主义中寻求希望的孤岛

120 资本主义与建筑

121 作为馈赠之物的建筑

122 非艺术型建筑的存在方式

123 建筑应当如何同自然相处？

128 建筑同科学技术的新关系

129 朝向新型建筑原理出发

后记 132

第一章

始于那一天的『建筑』

地震发生当日之事

从灾区看到的光明

身为建筑师能够做些什么？

决定灾后重建的基本立足点

海啸与核泄漏事故两种对比鲜明的灾害

建筑与安全性

地震发生当日之事

二〇一一年三月十一日地震发生时，我正在位于涩谷的办公室四层开一个小会。当时房子摇晃很剧烈，我感觉无论如何先设法离开这栋建筑为妙。本想顺着楼梯下去，但摇晃太过剧烈，人不抓着扶手便无法行走。当我从楼里逃生后，发现周围大楼里的人们也都出来聚集到了马路上，人已经多到汽车无法通行的程度。

摇晃稍稍缓和的时候，同事用手机搜索得知，地震震源位于宫城县海域。待震动缓和下来，我们很快回到办公室，打开电视机。大约三十分钟后，电视画面开始出现海啸的惨状。

当时自己的状态，用"茫然失措"这一词来形容最贴切不过。直到时间过去很久，我才终于能以一名建筑师的身份冷静地去思考、去行动。

我最为在意的，是经自己之手设计的"仙台媒体中心[1]"的现状如何。原本刚好在第二天，仙台将举办媒体中心开馆十周年庆祝会，期间我将同奥山惠美子市长一行就媒体中心这十年来的发展进行会谈。

到了十一日夜里，我从电视画面中，对仙台市内的情况

1　仙台媒体中心，二〇〇一年开馆。位于仙台定禅寺街道的综合文化设施。由仙台市民图书馆、视频音响图书馆、画廊、摄影室、迷你影院、活动空间等构成。网址：http://www.smt.jp/

仙台媒体中心（外观）© 宫城县观光科

也有了一定程度的了解。漆黑的定禅寺大道上乌压压挤满了人，实在是难以置信的场景。然而电话必然打不通，电子邮件也无法查看，因此地震当天我完全没能与媒体中心的人取得联系。到了第二天，我总算得到消息，"媒体中心"七层天花板部分塌陷，建筑整体有部分受损。除七层外，虽然还有一些其他小的损坏，但所幸无人伤亡。收到这样的报告，我

受灾后的仙台媒体中心内部

多少舒了一口气。随后 YouTube 上开始流传拍摄于刚经历过地震的媒体中心内部的影像，如此一来我也更加清楚了当时七层的摇晃程度，也从中了解到了地震的严重程度。媒体中心这一建筑设计于阪神大地震[1]（一九九五年）灾后不久，因此设计之初我们探讨了许多针对地震的防灾措施，可谓用心良苦。但即便如此，媒体中心依然出现屋顶坍塌现象。这是否由于屋顶表层与管道以及周围墙壁之间的连接处断裂所

1 指一九九五年一月十七日发生在日本关西地区里氏7.3级的地震灾害。本次地震在日本地震史上具有重大意义，它直接引起日本对于地震科学、都市建筑、交通安全规则的重视。——译者注。

致？我心急如焚，想火速赶赴现场一探究竟，然而不要说新干线，就连汽车行驶的道路都处于四分五裂的状态，无论如何都无法成行。于是我暂且先给奥山市长及中心的人们发送了一封慰问邮件。

致仙台奥山市长及仙台媒体中心的诸位友人

自地震发生已过去一周的时间。我想此时诸位及您们的亲朋好友无论是工作还是居住方面，都承受着常人无法想象的艰辛与苦楚，对此我感同身受，希望短函能够送去我由衷的问候。

这次的大地震，恰恰发生在了纪念媒体中心开馆十周年研讨会召开的前一天。正当我欲向市长以及中心的工作人员，为这十年以来所建立的功绩以及收获的丰硕成果致以衷心谢意之际，却发生了如此惨重的事件，对此我倍感心痛。

我昨日刚从巴黎回国。在巴黎的那段时间，我所遇到的每一个人都向我问询，媒体中心现状如何。这让我重新感受到，媒体中心在全世界建筑领域相关人士的心目中，已经占据了相当重要的地位。

回想起来，一九九五年一月份，正当我努力为媒体中心设计比赛做准备时，阪神大地震发生了。面对眼前的地震惨状，我们慎重地提出了设计方案。在设计施工的五年半的时间里，我们一刻都未曾忘记阪神大地震的惨状。无论是设计还是施工方面，我们不断采纳新的提案，力求提高建筑在面临地震与火灾时的安全性。我确信，采用优秀建造师佐佐木睦朗所提议的防震型构造，使用钢管作为管道以及由真空钢管构建的蜂窝楼板结构系统在这次抗震中发挥了相当重要的作用。

针对构材与玻璃等润饰材料的连接部分我们也曾颇费心思，然而看到震后部分玻璃受损，七层天花板部分塌陷，书从书架上散落一地的场景时，我们认识到自己的努力依旧不够。尤其是平时并未特别留心的天花板润饰材料部分出现问题，让我痛感易忽视的环节往往会成为隐患。但另一方面，收到震灾中无人伤亡的消息，我们的心多少得以安慰。

我急切期待在交通网恢复之后迅速赶往现场进行实地调查。同时，想到钢铁建筑工程承包商高桥工业等建筑公司的工人们多是气仙沼市[1]等三陆地区出身时，我的心便隐隐作痛。诚心祈祷诸位无恙。

虽然历经这次灾难，但这十年以来，仙台媒体中心作为仙台市文化振兴的据点，其所发挥的作用是极大的。究其原因，是因为这一设施并非寻常的图书馆同市

1　日本宫城县沿海城市。3.11地震海啸重灾区。——译者注。

仙台媒体中心（内部）

民艺廊的简单叠加，而是发挥着超越单一独立的用途，成为了一处能够让市民们自由聚集、休憩、交流的新型文化社交场所。

　　曾经有一位东北大学建筑专业的学生对我说，他并非是出于某种理由才会去到媒体中心，如果是为寻找某本书的话，学校图书馆的藏书更能满足自己的需求。媒体中心是一处特别的地方，在那里有孩子也有老人，即便只是去喝杯咖啡也是一种享受。也就是说，那里已成为一处将广场室内化的建筑。而在现代日本已几乎无法寻觅到与之相似的公共设施。

　　我认为这个学生口中的"虽漫无目的依旧可以

享受其中"的媒体中心，对于历经灾难后的人们正是最为必要的场所。换言之，那是一处"心灵寄居之所"。当然，能够保证物质需求的临时住房是十分必要的。为了维持生计，水电粮油也必不可少。然而次之，或者与之位于同等地位的安定心神之所同样不可或缺。当然，这一场所不仅要成为精神寄托之地，同时也应举办各类活动，成为积极支援灾后重建的设施。例如那里可以提供医疗教育福利等相关资讯，也可以成为图书讲读、音乐话剧巡演等全国性公益活动的信息交流中心；成为全世界艺术家与建筑师开展慈善活动的据点或者用作策划支援灾后重建的小型演唱会或系列讲座的场所；以及成为全国建筑师或有志加入建筑师行列的学生们同当地市民共同举办探讨城镇灾后重建会议的场所。

我们甚至无法找寻到合适的词句，去安慰那些茫然伫立于散落一地的书籍前的中心工作人员们。

然而过去的十年间，中心诸位通过忘我的付出构筑起的这一"心灵寄居之所"，在灾难过后依旧作为一份巨大财产保留了下来。我亦相信，现在正是需要这一精神财产发挥最大作用的时候。

我深切感受到，此时的诸位已身心俱疲，但请无论如何鼓起勇气重拾自信，同困难战斗到底。

我们真诚地希望可以早日与诸位相聚，共同协商对策，让中心重新恢复昔日活力。

东北地区依旧严寒，请务必珍重身体，努力生活，自强不息。

二〇一一年三月二十三日

伊东丰雄

从灾区看到的光明

地震过去近两周时间后，仙台媒体中心的工作人员陆续抵达现场。我也在地震发生三周之后的四月初，首次造访了媒体中心。我同市长直接会面，并提出希望能够早日修复中心。如此，在黄金周期间的五月三日，中心的部分场馆总算得以重新开放。之所以执意希望早日修复中心，正是因为如前文邮件中提到的那样，我们深切地感受到在这样一个特殊时期，正需要一处能够让心灵交流的地方。

无论是行走在四月仙台的街道上，还是造访饱受海啸洗礼的土地，让我倍感意外且印象深刻的是，那里的人们脸上都显露出明快的神情。啊，为何大家会拥有如此明亮的表情呢？

是因为人在失去一切之时，会超越痛苦的折磨，返璞归真吗？

在去过灾区后，我想起了石川淳的短篇小说《废墟中的上帝》。我年轻时曾读过一次，自那之后便忘却在书架之上，任凭其上落满灰尘。此刻又突然想起，便找出了那本文库本，重新阅读了一番。二战结束后不久，在被火舌夷为平地的上野出现了一个黑市，在那里，一个少年突然现身了。少年衣衫褴褛，恶臭熏天，布满污垢的身上流淌着脓液，其惨状之甚，不禁让人避而远之。然而在描写到少年冲向一位在市集上卖饭团的年轻女子欲同她拥抱的瞬间时，抛弃一切道德束缚仅仅凭借动物般的本能行动的少年，那一刻，在作者的眼中，却显得如此神圣。少年也冲向了作为剧情独白的"我"，透过他那令人作呕的恶臭与无法直视的惨状，那一瞬间的少年，其形象却如耶稣般熠熠生辉。次日，当故事中的"我"再次去到那个地方时，黑市已不见踪影，少年亦不知去向。故事就此终结。

正如小说中描写那般，人类在失去一切，得以从虚无的外表与伦理道德中解放，重新返回原点之时，其原本的姿态就会显得神圣起来。意识会游走在平日甚至连想象力都无法触及的地方。虽然我无法将小说中的场景与这次地震灾害等同起来，然而前往灾区，在那片失去一切的大地之上，也许能够悟出平日里无法想象的东西。我觉得，我们应当珍惜这份情感。我们已经遭受了如此大的灾难，那当今的日本社会何不在其中发现些什么，并将这作为向新型社会发展的一个良好契机呢？每每造访灾区之际，我都会受到当地人们阳光的姿态与纯粹的心态的鼓舞，重新获得力量。

身为建筑师能够做些什么？

地震发生之后，很多人开始认真思考自己力所能及之事。那么身为建筑师的我，又能够做些什么呢？在提出这一疑问的同时，我的脑海中亦浮现出另外一个令人痛苦的质疑："日本社会是否当真需要建筑师的存在？"在开始灾后重建之际，土木工程专家们受到了各自治体[1]的邀请，然而建筑师们却是门可罗雀。许多建筑师因自己被遗忘而感到沮丧，然而导致这一现象发生，建筑师自身亦难辞其咎。如果当真想加入到灾后重建中去，平日便不应仅仅执着于个人展现，而应以低姿态更多地参与社会活动。如果没有如此觉悟，结果也只能是船到江心补漏迟。从这层意义上讲，这次的灾害成为了重新审视上述问题的一个重要契机。

决定灾后重建的基本立足点

三月末，我与同为建筑师的山本理显、内藤广、隈研吾和妹岛和世四人结成了"归心会"，目的是针对灾后重建问题共同思考和行动。作为建筑师的我们，虽然平素总在从事公共建筑的设计，却经常同自治体与居民处于对峙的立场。自

1　日本的行政单位。相当于中国地方政府。——译者注。

治体认为建筑师是一群总是对他们的方针提出反对意见、专找麻烦的人，而居民们也认为建筑师总是自命不凡、固执己见，于是对我们敬而远之。同样，建筑师们聚集在一起时会做的事情，必然是批判官员，将那些因无法得到共鸣而产生的抱怨一吐为快。

试想，我们建筑师中，未曾有一人为一己之私去设计建筑，然而为何却无法获得社会的信赖？我一直以来都在不断思考，如何将这种存在于双方之间的互不信任感消除。立足这次地震灾害，我想重新思索建筑师究竟能够为社会做出何种贡献。我想归心会的成员们均是因为同一种想法聚集到一起的。在震后初次造访仙台之后，我向归心会成员们发送了以下邮件：

从仙台归来

山本理显先生、内藤广先生、隈研吾先生、妹岛和世女士：

本周我去了仙台，周五周六共两天一晚。夜里宿在宫城县南部白石市的站前旅馆。期间我造访了仙台媒体中心和东北大学工学部，也同仙台市奥山市长进行了会谈，并在市政职员的带领下了解了仙台新港以及荒浜地区等沿海灾区的情况。

仙台市中心的主要街道，建筑物受损较小，商店也已重新开张，如同未曾经历过灾害一般。然而时不时会看到瓷砖脱落的大楼，公共建筑也几乎都处于闭馆状态，馆内或恐是顶棚剥落、隔架倾倒等超乎想象的损伤状态。

仙台媒体中心的外部除面向主街道的一层玻璃肋拱破损外，无其他损伤。中心内部图书馆双面玻璃构造的一块内侧玻璃破裂。七层（顶层，放置有草绿色拉古路夫家具[1]的楼层）南侧一部分天花板同荧光灯掉落。

值得庆幸的是，灾难中无人员伤亡，建筑也仅遭部分损伤。然而即便如此，仙台市修缮科在检测其安全性后表示，从筹备预算开始修复到重新开馆需要花费一年以上的时间。这似乎是因为灾后重建的重点放在了多达两百所以上的院校以及保健设施上，而其他教育设施位于其下。从修缮科的立场而言，这一决策确实极具说服力。

在这种情况之下，我们邀请终生学习科的职员到场，向市长坦言了我们的想法。我们希望能够早日开放中心，使它成为东京建筑师与东北地区建筑师商谈如何携手加入灾后重建的一个据点，即便仅仅是一层也好。同时出席的东北大学小野田先生与艺大的桂英史先生对此也表示赞同。市长体察到我们的心意，向我们保证，

---

1 因出自被称为当代最具想象力设计师之一，英国著名设计师洛斯·拉古路夫（Ross Lovegrove）之手而得名。——译者注。

努力在五月一日连休前开放部分场馆。本次共同出席的终生学习科科室的三位工作人员，包括科长在内均为女性，我对市长奥山女士以及其他在场女性敏锐的理解力与脱离官场的率真感到自愧不如。在这种非同寻常的事态之下，男性往往无法如此这般设身处地地思考。

但虽是部分开放，我们依旧面临种种问题。虽然现在无法断言，但如果顺利的话，五月初我们可以在仙台进行交谈。届时市长也将莅临。

另外，我从小野田先生处得知，由阿布仁史、小野田泰明、本江正茂、塚本由晴、小岛一浩等约四十名建筑师组建的团队ArchiAid[1]已开始向全世界寻求援助，欲以此投身于灾区重建计划中来。因此在仙台的第一次协商，将在我们五人与ArchiAid的建筑师之间进行，不知诸位意下如何？另外，我觉得我们也应当为募捐尽一份力，之前我也曾以本人事务所——伊东事务所以及个人名义向媒体中心捐款两次。

这次访问仙台市最让我感到惊讶的是正在逐步恢复生机与活力的市中心同沿海灾区的落差。至今为止媒体

1　ArchiAid，团队成立于二〇一一年四月。是一支由致力于支援东日本大地震灾后重建的建筑师所组成的网络团队。围绕"通过国际网络实施多方位的灾后重建支援·构筑地区振兴平台""重建灾区建筑教育/实践性复兴教育服务开发""抗灾知识的积累与启蒙"三大理念开展活动。网址: http://archiaid.org/

已对沿海地区情况进行了全面广泛的报道，似乎已无须赘述，但眼前仙台新港与荒浜地区的惨状实在令人心痛得难以言喻。

新港上，排列着近百台普锐斯和雷克萨斯新车的残骸。其破损程度即便是同翻斗车正面相撞也不可能如此惨烈。车内灌满了海水。

而荒浜地区的惨状就仿佛是被投下了原子弹的广岛一般。目光所及之处，遍是漠然向远方延伸的废墟荒野。

我们踏入了在那片荒野之中孤零零残存的荒浜小学。海啸曾淹没到这栋四层建筑的第二层，因此一二层的地板上布满了淤泥。一层是一二年级教室，当时孩子们得以在楼顶避难，躲过一劫。然而他们却在楼顶上目睹了自己的家园与亲人们饱受海啸折磨的情景。一想到如今他们在避难所过着怎样的生活，我便心如刀割。我至今无法忘却教导主任孤身一人在建筑二层中整理沾满泥巴的教材的身影。

虽然处境万分艰难，但包括市长在内的市政职员、媒体中心工作人员、小野田先生以及本江先生均情绪冷静、精神饱满。他们虽已是疲惫不堪，却依旧努力鼓舞自己振作起来。

看着眼前的他们和荒浜惨烈的情景，我觉得自己已无法仅仅沉浸于当初感物伤怀的情绪之中。既然情况危急，索性背水一战。

其实我心中依旧有踌躇——身为局外人的建筑师，是否应当加入被海水冲毁的沿海村庄与城镇的重建计划当中；是否可以抛开政治与行政事宜由我们来直接参与。然而我的心态正在发生变化，我开始希望能够在各个层面参与各种问题的探讨。

因为我们当中有能够与中央官署直接取得联系的内藤先生和隈先生，因此若与东北的建筑师们携手，应当能够提出现实性的方案。我非常赞同妹岛女士所提议的在避难场所放置洁净的桌椅这种微型提案。同时针对地方规划，我认为也可以提出暂无现实依据的理想型提案。

从一九七一年我成立了自己的工作室以来，建筑界几乎没有出现类似新陈代谢派[1]对都市的提案。内向与抽象的时代如今仍在延续。我意识到，如今正是打破这种局面，重新修复建筑师与社会间联系的绝佳时机。

我会这样想，原因之一是这次的地震灾害并非发生在像神户那样的大都市，而是发生在了渔村和农村。

这次经历地震灾害，也经受了包括核泄漏等直接性

---

1 由日本的青年建筑师和城市规划师们引导开展的建筑运动。该派别以一九六〇年在东京召开的"世界设计会议"为契机集结而成。"新陈代谢派"这一命名源于"新陈代谢"一词。他们旨在结合社会因素，提出发生有机地变化与成长的建筑和城市提案。其主要成员有：浅田孝、川添登、菊竹清训、黑川纪章、槙文彦、大高正人、荣九庵宪司、粟津洁等人。

灾难的，并非居住在都会的人们，而是与大海和土地朝夕相处的人们。尤其对于从事渔业的人们而言，即使他们深知大海可怖的一面，依然要同大海为伴。

恐怕对于他们而言，无论我们提出如何让人安心的街道与住所的提案，他们依旧会因无法抛弃大海而回归故土。因此在为他们做打算时，一直以来头脑中只有"都市"这一概念的我们，必须摒弃旧观念，在很大程度上改变以往的价值观。

如果无法从根本上重新审视人类同不断变化而又故我的自然间的关系，而仅仅驻足于同量性、抽象性的自然间的关系的话，所谓为灾区的人们提案便是无稽之谈。反言之，若能在重新思考同原生态自然间关系的基础上，提出针对街道与村落的方案，则无论它如何不现实，都将会成为极好的信息。这将会是一个能够重新审视已渗透到我们建筑师身体发肤，让我们深信不疑的近代主义思想的绝佳机会。

在同奥山市长会面的过程中，她提到了一个非常有趣的现象。在震灾过后，流浪汉们突然活跃了起来。大街小巷均是无家可归的人，原本就无家可归的流浪汉前辈们便开始发挥他们的经验去照顾新人。人们因一无所有而变得平等，虽然这也许只是转瞬即逝之事。

市长也提到，在没有汽油、没有公交、没有水等情形下，人们习惯了排队，习惯了等待。的确，我们生活在一个即便电车晚点一分钟也会心神不宁的社会中。日本拥有引以为傲的世界尖端交通技术、建筑技术和通信技术。然而这些高精度的技术又将引领我们去向何方？灾害之后，一种因对精确的不懈追求而产生的空虚感在日本社会中油然而生。

请原谅我没有做适当整理仅凭意识流写下了这封邮件。在这样一个时刻，我认为大家能够脱离个体、抛弃自我、同心协力。我真切期望能够利用这一不可多得的机会做些什么。

如果时间合适，我希望四月我们能够聚上一两次，不知诸位意下如何？

二○一一年四月三日

伊东丰雄

五月一日，归心会的第一次研讨会在由我主办的东京建筑塾里召开。现场，我针对灾后重建提出了自己的三个基准：第一点是，不批判。我认为批判是局外者做的事。所谓不批判，就是不以第三者的身份对事物评头论足，而要时刻意识到自己本就是从事灾后重建的当事人。第二点是，从力所能及的事情做起。我们应当主动行动起来去解决灾区面临的问题，无关大小。另外一点是，思考脱离建筑师身份所能做的事情。建筑师

归心会

们均是出于为社会做贡献的目的去设计建筑，然而却终究局限于设计出被称为作品的个人展现行为中，无法摆脱被拘束于近代主义中的自我。这对于制作东西的人而言是一大问题，如果无法将这一问题彻底地重新进行诠释，建筑师的未来将无从谈起。

海啸与核泄漏事故两种对比鲜明的灾害

面对海啸带来的灾难，建筑师们已无从反省，而是完全处于一种在凶猛的大自然面前，被巨大的无力感侵袭而束手无策的状态。无论设计出何种建筑，在这样的灾害面前都同样显得苍白。然而与海啸同时发生的核泄漏事故，起初却与海啸的情况完全不同。世间将核泄漏归为人祸，而海啸则是天灾。然而细细想来，我却觉得无论是海啸还是核泄漏，均应归为人祸。因为二者都是想通过技术征服自然，对技术百分百信赖的近代主义思想引发的祸端。日本的土木建筑是利用与核能发电装置完全等同的思维方式建造起来的。简言之，建筑设计即遵循近代合理主义思想，如同设计机械一般，将"设想"这一概念通过设定某种条件，附加安全率使之得以实现的过程。然而这场灾难，赤裸裸地证实了这一理念是何其不可信赖。

当然，仙台媒体中心的结构设计，自然也是依据针对地震与风速的安全基准进行了数值设定。然而问题出在那之后的工作中。那就是，只要对数值进行了设定，之后便一劳永逸万事大吉的姿态。但其实即便是同样的数值，在设计过程中是否倾注情感、考虑周全，结果会完全不同。仅仅凭借数字说话，让数字承担人原本应当担起的责任，这种管理主义社会的存在形式实在值得商榷。然而日本人却往往很乐于抱持这种置身事外的态度，逐渐失去了处理事物时的精力与热情。我甚至觉得，正是近代思想这一罪魁祸首，造成日本当今社会的无力感。

建筑与安全性

这种大规模灾难的发生，势必会引发"进一步加强建筑等设施的安全性"这样的言论。实际上到目前为止，我们也一直在吸取过去灾难的教训，重新审视各种安全标准。然而无论在任何场合下都不存在绝对性的安全。固若金汤的建筑物在现实中是不可能存在的。

这次地震灾害发生之后，在灾区重建规划中，"减灾"这个词汇出现频率相当高。人们认识到，仅凭防洪堤来抵御海啸，力量似乎太过微弱，因此将铁道与公路的高架桥也作为第二道、第三道防洪堤加以利用，以降低受灾程度。这一想法本身并没有错，但原本一道防线便可以将浸水区域与安全区域分隔开来，如今仅仅是将防线增加为三条，其结果并未发生实质性的改变。问题的关键并不在于防线的数目，而在于单纯凭借防线这一概念，将内外分割开来这一想法本身。

近代主义思想即是一种将我与他人、内与外明确加以区分的思想。这一明快的理念为科学技术的发展做出了巨大贡献，其代价是忽略了无法加以区分的灰色领域。但无论是日语这门语言、日本传统的建筑空间或是人际关系，均是由于这一不明确性的存在，才得以保留其多元性。

以建筑为例。依据近代思想的理念，是否能够通过对功能的判断将内外环境或是各个房间进行隔离，是诞生优秀建筑的先决条件。然而日本的传统建筑却对自然处于开放的状态，房间之间也并未因其功能不同加以隔断，而是保持一种并不明确的连续状态。

因此，就防洪堤这一问题而言，单纯凭借防线将区域隔开的思想并非那么得完美无缺。正如日本建筑通过防雨窗、（门窗的）纵横格子、竹帘、纸拉窗、隔扇等多功能元素将内外分离一般，防洪也应当采取将更加细致多样的土丘与墙壁相配合的方式，设计出更加亲近自然的防水法。行走在被海啸冲刷过的地方，我们可以看到多处因隐藏在诸多房屋、小土堆或是坚固的墙壁后而得以幸存的住宅。若使用如今的模拟实验技术，我们完全有可能探讨出更加细致的防洪策略。

在东京这样的都市中，同样林立着通过明确界限将内外隔绝的建筑。出于节能、明确划分界限以加强隔热性能的考虑，它们必然会是最佳方案。同样在公共建筑中，只有那些以功能为基准将空间完全隔断的建筑，才被视为建筑中的佼佼者。这完全是一种管理主义的看法。

所谓功能这一概念，仅仅是将人类丰富多彩的行动进行了单纯区分和抽象化。并将功能与空间数目一一对应。然而人类原本就无法安于被拘泥在这样的有限空间之中。他们明明想更加自由随心地行动，却无奈不得不屈从于功能这一概念。因此诸多公共建筑，无论设计之初如何功能明确，其利用者却并非乐在其中。耸立着这些建筑的街道也必定无乐趣可言。

因此，在本次灾后重建之际，如果仅仅贯彻"安心与安全"这一理念，灾区的街道必定索然无味，同享受背道而驰。我实在不愿将大海从亲近海洋、整日与海为伴的三陆人身边剥夺，让他们居住在如同市郊住宅区般的街道中。

第二章

釜石复兴项目

同釜石之缘

倾听居民的心声

我们想同昔日伙伴重回故地朝夕相伴

缺乏实际性的复兴规划

贴合地域特点的集体住宅提案

「人字形木屋顶结构式」集体住宅

复苏商业街的尝试

防洪堤上的露天橄榄球场

同釜石之缘

在上一章我曾提到过，这次的地震灾害，是我们重新思考"何谓建筑"的一个绝佳机会。在灾难中失去家园与亲人的人们，今后应当居住在怎样的环境中？又将如何恢复曾拥有的共同体？身处灾难发生的现场与当地的人们交流思考，这样的工作是让我能够重新审视建筑存在方式的必经途径。

我如今正在参与岩手县釜石市的复兴项目。开始帮助釜石，缘于我曾在釜石市主办的复兴项目会议中担当顾问一职。本次会议的牵头人，是由建筑师组成的复兴支援网络团队ArchiAid 的核心成员，东北大学教授小野田泰明先生。我同城市规划专业的工学院大学远藤新副教授共同接受了寻求协助的邀请。那时我还未曾去过釜石，但想到若是自己力所能及之事必当鼎力相助，便欣然允诺。

初次造访釜石，是地震过去五十天左右的二〇一一年五月三日。次日，我便同远藤先生共同参加了自治体与居民的工作坊。会场是位于釜石市中心面朝林荫大道的育儿支援中心。中心位于山腰上，但受海啸侵蚀依然严重，窗户玻璃已全部碎裂。在这里，我们和七八名当地居民一同围在一张桌前举办了工作坊。虽已时值五月，但到了傍晚依旧冷得令人发抖。然而会场却被异样的温暖所包裹着。从居民们的表情中能够看出，他们还未从经历灾难那鲜明的记忆中苏醒过来，

釜石工作坊的情形

可是他们却用异常坚定的语气，向我们述说了要把釜石重新建成一座美丽城镇的决心。我为他们的魅力所折服，单单那些话语就让我爱上了釜石人。从那天起，我坚定了参加复兴计划的心意。

倾听居民的心声

在那次工作坊中，我们就国家"把安心与安全放到首位"

的灾后重建基本方针，同当地居民进行了交谈。来参加工作坊的大部分居民表示，他们没有想过搬迁到不受海啸侵扰的高地上居住。他们说："我们想回到原来的地方。"

我能感觉到，这绝非仅仅出于利益因素的考虑。像自己的祖先在无数次历经海啸席卷后，依旧居住在同一处地方不曾离开一样，即使会发生海啸，自己也依旧想居住在那里。一种坚韧的意念支撑着他们。就如同自己的巢穴被冲走也依然回到原地生活的动物一样，支撑他们的是一种类似本能的东西。听到他们的心声，我希望能让政府部门在制定复兴项目时，设法将他们的想法加入其中。我认为，重视国家复兴计划的同时，也应当考虑来自群众的提案。

釜石市这一自治体，包括市长在内的政府工作人员均持有相当开放的姿态，愿意倾听来自群众的声音。同时，居民的自我意识也很强烈，其中不乏对未来的城镇风貌满怀理想的人。因此，即使身处困境，他们依然怀抱希望面向未来。他们所考虑的不仅是自己，他们也同样拥有着为身边之人，为城镇的未来思考、提议的广阔胸怀。

我们想同昔日伙伴重回故地朝夕相伴

从六月初起，我作为釜石市复兴项目会议顾问，参加了连续三日的工作坊。工作坊由当地政府主办，小野田泰明牵头，远藤新与我作为顾问，加上来自几所大学的青年城市规划师、地貌景观专家、几位有志居民以及各研究室的学生们，组成了一个共有几十人参加的大型工作坊。来自我工作室的几名员工以及在东京刚刚成立不久的建筑塾的十四名学员也加入其中。伊东建筑塾成立于震灾后不久，是一所以立志从事建筑行业的年轻人以及小学生为对象，旨在加深其成员对建筑理解的私塾。后文会对授课内容做详细介绍。同我共赴釜石的是正在参加青年建筑师培训讲座的学员们。

他们从东京乘坐夜行巴士来到了釜石。然而进入会场之后，工作坊在并不安定的氛围中开始了。这些从东京来的年轻人突然被当地居民代表质问，"你们对釜石了解多少？一无所知的人即使来再多又能为复兴做些什么？"

这一突如其来的质问，令这些还未搞清楚状况的学员们很是错愕。让他们经历这些使我感到万分愧疚。然而从当地居民的立场而言，这样的反应正体现了他们最真实的心境。但以此风波拉开序幕的工作坊，半日之后便是一片祥和的氛围。

釜石市是一座典型的沿着里阿斯式[1]海岸建造的城镇。村落点缀在由南向北延伸的几处海湾之间。常住人口约四万。二十世纪六十年代，炼铁厂全负荷运转时居民约有九万人之多，如今人口在不断减少，可预测震灾之后人口将会进一步减少。

1　地质术语。指因土地沉降和海水上升形成的宛如锯齿般的复杂海岸。——译者注。

本次工作坊着眼于釜石市中心的两个地区——东部地区和鹈住居地区，从防灾、地域性、产业、居住四个主题出发，分别进行调查与讨论。通过三天的讨论，我们对居民的想法以及复兴所面临的课题有了大致的了解。对于我自身而言，印象最为深刻的是拜访一处避难所时发生的事。

　　我们在一处位于体育馆内的避难所里采访了三位高龄女性。她们是鹈住居地区的居民，从很久以前便是邻居，过着相依为伴的生活。当我问道今后想过怎样的生活时，三人异口同声地说："我们不想搬到临时住房去，因为一直呆在这里的话，可以一起吃饭，聊一整天。"还有一位女性对我说："我有一处山地，希望能在那里建一座房子，样式可以随意设计，我只想和老伙伴们共同生活。"

　　釜石依山傍海，地势险峻，平地极少。而那仅有的平地也已在这次海啸过后完全变成了废墟。如果人们要搬家的话，就势必会住到很远的山地里。因此正如这三位女性所言，许多居民都希望可以回到原先的住处去，这也是人之常情。此后从事复兴支援活动时，那三位女性"想同昔日伙伴重回故地朝夕相伴"的话语，深深地刻在了我的心间。

缺乏实际性的复兴规划

　　从六月到年末，我们几乎每月都会到釜石，除参加复兴项目会议外，也会同市长、行政人员以及许多居民们见面，共同商讨复兴计划。

人们通常会以为，我以建筑师的身份加入城市规划中，定是来主持城市复兴的总体规划，但事实并非如此。本次的复兴规划主要依靠政府以及土木工程专家来推动实施，而我们同居民一样，仅仅负责提供参考意见。虽然可以自由发言，但所提意见最终是否会被采纳，这一点并无保证。

至二〇一一年末为止，釜石市政府制定完成了复兴规划，那是一份将釜石分成二十二个区域的土地利用计划。以明治三陆大地震[1]时海啸高度为基准进行模拟实验，所在地岩手县规定了防洪堤高度，以此为前提分出了居住区域与非居住区域，并将商业、工业、居住区、公园等区域用不同颜色加以标注。每一个市町村都是同样的设计，完全是一份极其抽象的粗略计划。然而若不将其提交各上属县[2]，就无法获得来自国家的城市规划预算经费。

釜石市的行政人员在制定这份规划时，确实积极努力采纳了居民和我们的意见。但很遗憾的是，这一份土地利用规划依旧只是一份毫无具体性可言，缺乏人情味的东西。也许用具体模型将城市规划展现出来，会因居民们各抒己见而无法收场，但对于

1　一八九六年六月十五日发生于日本宫城县三陆地区里氏8.2级至8.5级特大地震。——译者注。

2　日本行政单位，级别由高至低为：县、市、町，可分别对应理解为中国的省、市、县。——译者注。

那些对自己的城市建设抱有想法的居民而言，这着实是一份无法令人信服的规划。即便居民们最终选择接受这一规划，也无法仅仅凭借这样一份内容，描绘出自己将来所居住城市的形象。

贴合地域特点的集体住宅提案

在观察政府与居民间关系的过程中，我认为有必要发挥自己自由人的立场，率先提出可视性的方案。我尝试将集体住宅、学校、山坡等能够想象到的形象立体地描绘了出来。虽然并非城市总体规划图，但我试图将重要区域的建筑与地貌景观通过图画或模型展现出来，让居民们能够在脑海中为未来的街道描绘出蓝图。

幸运的是，工作室的几十名员工和志愿者帮助我共同完成了设计。他们在做各自手头工作的同时，刻意腾出时间绘制出了极其精良的素描图。也许他们同我一样，在去过釜石之后，被那些努力生活的当地人打动了。图纸的绘制颇费心力，然而从这个令身心产生共鸣的地方让建筑重新出发，这份工作，定会成为思考未来建筑形式的不可多得的训练。

首当其冲的提案是集体住宅的存在形式。我们一直努力让大家住进与旧地极为相似的集体住宅中去。因此摸索了如何能与旧时伙伴共同快乐生活的提案。

在摸索过程中我们想到的是"斜面住宅"。尤其是毗邻鱼市的鱼河岸周边区域，山与海几乎是相连的，因此山麓被混凝

斜面地形上的集体住宅模型 ©中村绘

土防护墙所覆盖。我们的提案是，沿着倾斜度 50~60 度的护墙建造五层左右高度的斜面住宅。防护墙上原本就有避难通道，进而发挥其优势，通过这一集体住宅将下边的通道和逃生通道用电梯和楼梯连接起来。各住户间的墙壁与防护墙呈直角，结构坚固。每家住户都有一个面朝大海的大阳台和套廊，如此一来便可以像以往的农家人一样，通过自己的走廊拜访邻家，坐下来谈心。

虽然相对通常的公共住宅而言，这样的设计在建筑经费上花费会大一些，但让原本无法使用的空间得到充分利用，就这一点来说可行性很强。

当我把这一提案展示给釜石居民时，大家都欢欣鼓舞。尤其对于从事渔业或生活在商业街的居民而言，不仅与原先的居住地相近，且能够维持一直以来培养出的共同体，人们为此感到欣喜也是情理之中的事。

"人字形木屋顶结构式"集体住宅

我一边描绘着"斜面住宅"的图形一边想到，如果将两栋建筑合并，即可成为人字形木屋顶结构建筑。虽然是只能居住二十户左右的小规模集体住宅，但屋檐向外延伸，房屋坚实地扎根于大地之上，结构明显非常坚固。在这种情况下，虽然只能从呈平面的两端进入住宅，但在建筑内部可以开辟出居民们聚集在一起共同进餐的公共空间"大众之家"（详细介绍参见第三章）。在釜石，独自生活的高龄者较多，白天若能在这样一个空间同伙伴共同度过，那么他们一定可以从孤独中解放出来。一旦海啸来临，居民们在屋顶避难也相当安全。

这一提案受到了一般居民的欢迎，却没有得到建筑界人士的一致好评。这理应是由于他们对人字形木屋顶结构建筑这种太具符号性的形状并不满意，同时他们中间也存在一种批判心态，认为迄今为止一直追求现代建筑创新的我，不应当突然回归固有的日本民家风格。

但这一次我愿意虚心接受他们的批评。我们建筑师一直以来都扎根于"近代"这一框架中对建筑进行着思考。在被自然

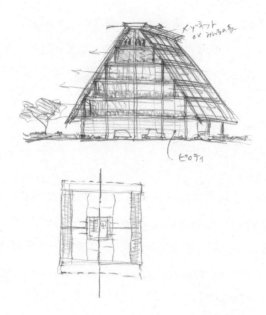

作者绘制的集体住宅素描

集体住宅的模型 © 中村绘

环绕的区域内，绘制抽象的图形，再在其上如同解密一般将建筑建造起来。然而那个被圈定的领域一旦遭到破坏，我们便束手无策。这次3·11大地震恰恰告诉我们，这样的圈定，是如此之脆弱。

迄今为止我对建筑的关注点，在于如何在建造建筑时去除这一圈定的规则。这也就意味着建筑将得以解放，溶于鲜活的大自然当中。

如果参考曾经的传统式民家设计，这一想法也许更为容易实现。然而阻碍这一想法实现的，正是我们所生活的社会。我们生活在像东京那样的都市中，一切均被近代系统所控制。生活在那里也许我们并无意识，然而去到灾区后，你将会邂逅一个完全不同的社会。

地震过后，大量安置在灾区的临时住房，不正是突然被带入三陆的近代元素吗？在东京无处不在的独居、或是两室一厅的公寓，如果将它们平面排列开来，正是临时住房的模样。实在没有比那更为纯粹的将个体分化、令其可视化的东西存在了。

为了同上述独立的情形相抗衡，我提出的恰恰是这种被称为人字形木屋顶式的集体住宅。我不想把三陆打造成一个迷你东京。

失去了一切的灾区，具备建立不依赖近代系统、完全溶于鲜活自然的建筑与城镇的可能。如果实现，那将是一个独一无二的社会。

复苏商业街的尝试

位于釜石市中心的商业街也由于海啸的侵袭受到重创。所有的建筑几乎都是钢筋混凝土结构，因而处于半损坏状态。位于一层的商铺无一幸免。最近，几家商铺在改装后在原来的位置重新开张。然而如何让整条商业街重获生机，也是釜石市所面临的一大课题。

如今，一个大型连锁店即将在被称为"中番库"的新日铁土地上落户。在这样的压力之下，原本的商业街是否还能够复兴，实在令人担忧。

对此我提议，利用与原本商业街平行的 NS 冈村工厂，将它作为临时市场。这一工厂长约三百米，位于商业街的临海一面。虽然同样受灾，但已经基本得到修复。覆盖在工厂屋顶上的钢筋桁架式古典框架，造型十分唯美。若在这样一个大的框架中开设市场，便如同欧式街道中时常映入眼帘的市场一样，成为营造美妙氛围的空间。我认为，让原来居住在商业街的人们运用这一空间，开设临时店铺维持现有的活动非常重要。如果不重新开张，可以想得到，原本的客户将不断流向它处。当然前提是必须经过工厂所有者的同意。

另外我还提议希望在商业街与工厂之间建造土丘，并种植成排的樱花树。如此一来，不仅提高了建筑的防洪能力，市民们也可以在购物之余在公园中休憩。另外还有一个潜在优势：如果日常习惯了在高地俯瞰自己居住之处，那么紧要关头，避

利用工厂遗址的临时市场竣工图

樱花树林素描图

难会变得容易起来。因为市民们的大脑中已经在不经意间被输入了避难的路线与场所，特殊情况下必然会派上用场。如果将防洪堤和土丘作为硬件条件的话，那么上述的配套软件设施也是十分必要的。

防洪堤上的露天橄榄球场

釜石市鹈住居地区，是仅次于釜石市东部地区的人口聚集地。这片地区的绝大部分原是居民区，然而如今大部分住宅已在海啸过后消失无踪。东部地区面朝的釜石湾上，有一座被称为"湾口防洪堤"的坚固堤坝。虽然它在这次海啸中也遭受到损坏，但若将其修复，即便不再加高沿岸的防洪堤也不成问题。然而鹈住居地区的情况却不同。模拟测试显示，这里需要建造一座十四五米高的防洪堤。这一高度相当于通常楼房的四五层高。

根据这一情况，我提出了利用这一防洪堤建造露天橄榄球场的建议。这也同时兼顾了民众们希望建设露天橄榄球场作为釜石市复兴象征的心声。

新日铁釜石[1]曾经拥有蝉联七届日本橄榄球锦标赛的傲人成绩。如今的釜石人依旧以橄榄球为骄傲。二〇一九年日本将

1　新日本制铁株式会社的釜石制铁所企业橄榄球俱乐部。——译者注。

露天橄榄球场竣工效果图

露天橄榄球场模型图 ©中村绘

建筑，从那一天开始

举办橄榄球世界杯，这里的人们热切期盼可以在此之前建设好会场，哪怕只有一场比赛在这里举办，也能令他们心满意足。

县里用于防洪堤建造的预算，如果用到土丘的建设中去，建筑费用将大幅降低。然而这一提案同样因为市土地使用问题以及国家的纵向行政问题而并不容易付诸实施。灾后重建，由于各类想法的交织，面临着重重困难。

第三章

心灵寄居之所 『大众之家』

『大众之家』项目

倾听生活在临时住房中人们的心声

心连心的建筑

『建造』与『居住』的一致性

『大众之家』从这里延续

威尼斯建筑双年展与陆前高田的『大众之家』

"大众之家"项目

东日本大地震发生之后，一个疑问一直在我脑海中盘旋。这一疑问并非是我应当如何去支援灾区，而是"身为建筑师的自己，究竟能够为灾区做些什么？"

我一直以来都在提倡要设计出对社会开放的建筑。这种想法的产生，源自于我意识到自己一直身处社会的外部，站在批判社会的立场上思考建筑。但实际上我们应当做的，恰恰是融入社会当中，以积极的姿态去创造建筑。虽然时至今日，我依旧会对现实当中大多数的建筑都是为迎合经济至上的社会而建造的这一事实义愤填膺，然而若因如此，便索性以批判社会的立场从事建筑行业，这亦会令我负疚。因为我认为，若以超越现实世界的宏大视野探索建筑，人与人之间将会更易产生共鸣。

为了实现这一目的，我首先需要做的，是卸下建筑师这一萦绕周身的盔甲，单纯以一个普通人的身份尝试去思考建筑。而恰恰就在此时，大地震发生了。我想这对于自我转型而言，实在是一次千载难逢的时机。我开始思考，面对那些失去了家园与亲人的人们，我应当选择怎样的话语和他们沟通。因为我感觉到，用建筑师论述自己所设计建筑之妥当性的方式，去同灾区群众进行交流，这显然是行不通的。

缘于这一契机，我脑海中萌生了"大众之家"这一想法。"大众之家"，也许你会觉得这是一个平庸至极、无丝毫创意可言的名称。然而在同灾区的老年人交谈时，这种浅显易懂的词语才最容易被他们接受。

这次灾难之后，在日本东北三县[1]建起了约五万户临时性住房，其中的绝大多数是钢筋预制结构的集装箱式房屋。这种房屋不但因其性能之差引人非议，其住宅个体均等单一的延续与毫无人情味可言的设计方式也令我十分无奈。其实，这种平等均一主义并不单单体现在临时住房的设计上，它同样也是日本精神贫困的象征。

另外，也许出于重视个人隐私的原因，各住户之间隔离性强，无论是相邻住房或是前后楼之间均无任何交集。听说不少人在搬到临时住房后都开始闭门不出。

在看到临时住房区的生活状况之后，我开始思考，是否能够建造一所木质小屋，让人们可以在那里一起畅谈、共同就餐。其实在临时住房区中，住户达到五十户以上的区域设置有集会所，但那仅仅类似于建筑工地的小窝棚，并不是一处能够轻松就餐、自在休息的舒适场所。

我想为灾区建造的，是一处居民可以互通心声的场所。在那里人们可以围坐在大餐桌前共同就餐。我将这一想法在熊本

---

1 岩手县、宫城县和福岛县。——译者注。

县"熊本艺术城镇[1]"的会议上进行了阐述，与会者纷纷赞同我的想法，并希望尽快将其落实于行动。熊本艺术城镇项目以熊本县内的公共建筑为中心，采取由县知事[2]指名的项目负责人推荐设计师进行设计的制度。该项目始于一九八八年细川护熙担任知事的时期，我从二〇〇五年开始担当第三任项目负责人。

当我将这一想法传达给知事后，知事本人随即允诺予以支持。如此一来，第一期"大众之家"将作为熊本艺术城镇项目的一个环节，由熊本县提供木材与资金援助。本次灾难发生之后，受灾县同其他县缔结了援助协议，作为其中环节之一，熊本县将"大众之家"作为礼物赠予了宫城县。我们在同仙台市市长奥山女士商议之后，决定将第一期"大众之家"建于仙台市宫城野区公园内的临时住房区当中。

人们通常会认为，这样的礼物对灾区而言是弥足珍贵的。然而作为接收方的自治体却并不一定如此认为。甚至很多情况下反而会成了热心肠办坏事。拒绝接受援助的理由，则依旧是基于所谓公平性的原则。他们会担心因自己的临时住房区单独

1　熊本县当地项目。旨在通过建筑与环境设计提升地域文化。该项目始于曾担任熊本县知事的细川护熙之手，于一九八八年开始实施。项目采用负责人制，负责人有权选定单独项目的设计者。截至二〇一二年五月，包括在建项目，总项目数达八十七项。第一任项目负责人是矶崎新。伊东从二〇〇五年起担任第三任项目负责人。

2　地位相当于中国的省长。——译者注。

受到特殊照顾而成为众矢之的。另外，建成后的管理问题也需要煞费心思。往往是这些匪夷所思的平等主义、管理主义，让理应感恩的善意之举成为徒劳。但这一次，由于胸怀远见的市长以及宫城野区区长等人积极促成此事，这些问题得到了顺利解决。

倾听生活在临时住房中人们的心声

六月初，我们一行人造访了建成不久的临时住房区。住房区位于仙台市宫城野区福田町南一丁目的公园内。从仙台站乘仙石线往东约行十五分钟，或从陆前高砂站驾车约十分钟即可到达。这里的临时住房的情形正如同电视里经常看到的一般，六十二户预制结构房屋索然无味地排列着。我向着尚未入住的房屋偷偷看去，只见狭窄的室内随意堆放着电冰箱、微波炉、电视和洗衣机等家电，如此的陈设更加重了原本就飘荡在这里的空虚之感。

住户搬入一周之后，我们再次造访了这里。在宫城野区的号召下，集会所里已经聚集起了十多名入住者。我们提案方人员有以熊本艺术城镇项目负责人身份出席的我本人，作为我助手的三位青年建筑师，他们分别是来自熊本大学的桂英昭、九州大学的末广香织（当天缺席）和神奈川大学的曾我部昌史，以及包括副区长在内的几名相关人士。大家盘腿围坐在仅放置了一台大电视的集会所内开始了交谈。

我把想在集会所旁边建造一处十坪[1]大小的木质小屋，在那里放置一个大餐桌供十多人喝酒就餐等"大众之家"的设计理念讲给大家听。听过我的想法后，起初垂头不语的居民们，开始渐渐述说起对现在所居住临时住房的不满和对"大众之家"的期待。

　　搬到这片临时住房区里的，多是曾居住在仙台市东部沿岸从事农业的人们。其中老年人居多，没有年轻人和孩子。有如六十多岁的自治会会长平山一男夫妇同九十高龄的母亲三人共同生活的家庭。

　　在灾难发生之前，他们居住的是带有院落的独门独户，因此在来到这里后，他们对狭窄的临时住房感到震惊。大家异口同声地表示，整日呆在家中会感到闷闷不乐，很希望有一处更加开放的空间。如今要想同邻居聊天，只能在大马路上。他们很怀念房檐下堆积着木柴的情景，所以如果拥有一处围着火炉聊天的场所将感激不尽。他们的述说片段性地描绘了对"大众之家"的憧憬，其中也饱含着对失去的家园的思念之情。

心连心的建筑

　　离开那里三周之后，我们带着尽量满足他们期望的"大众

1　建筑面积单位。约3.3平方米。——译者注。

宫城野区"大众之家"施工情形

之家"方案和模型再次造访此地。入住约一个月之后，人们的
生活渐渐平稳下来，各个住户的庭院和集会所前也摆放起了小
盆栽。

　　同上次一样，我们一边向聚集在集会所的十多名居民展
示设计图与模型，一边阐述我们的构想。在我们的提案当中，
尽量多地采纳了上次居民们所提出的建议。模型中既有连接集
会所的宽敞走廊，木质小屋也凸显了鞍形屋顶特色，其下放置
大餐桌、柴火炉和榻榻米。模型在人们的手间传递，而人们观
察模型的表情也渐渐变得明朗起来。我依然记得，上次当我提
出要建造一处十坪的小屋时，一些人的脸上还曾露出诧异的表

情，而如今当他们看到手中模型之后，也开始真心期待集会所旁将要落成的这处小屋了。看到他们脸上的神情，我心中确信这次的项目定能顺利成行。

八月份，三位助手的研究室同我的办公室分工描绘的工程图顺利完成。接下来只要将施工费用控制在熊本县提供的援助资金内便可以开工。工程由曾负责仙台媒体中心的建筑公司抱着背负赤字的思想准备承包了下来。屋顶材料、玻璃、厨房卫具以及灯具都由许多制造商无偿提供。正因有如此多人的同心协力，名副其实的"大众之家"终于如愿建成。

九月十三日，熊本县厅的人也专程赶来，同宫城野区政府的工作人员以及居民代表一同在现场举办了一场小规模的开工典礼。其实，对于失去家园的人们而言，无论建筑规模如何，"建造"这一行为本身，就是面向未来迈出的坚实一步。

虽说是小工程，但是从浇灌水泥地基、搭建房屋木质框架到挂梁等流程，同大型工程的施工并无差别。

九月末的上梁仪式上，居民们自发组织了抛撒年糕的仪式以示庆祝。这样的情形在如今已经很少见到了。他们说："我们也有几十年没有在盖好房子的时候撒过年糕了，但这次一定要庆祝一下。"随着工程的启动，人们脸上的笑容愈发灿烂，从笑容中我感受到了他们对"大众之家"竣工的热切期待。

进入工程收尾阶段，这里聚集起了来自各地的学生志愿者。有从九州和东京赶来的，当然也包括仙台本地的许多学生。他们帮忙一起粉刷墙壁，制作家具。我工作室里的年轻员工们

上梁仪式时抛撒年糕

学生志愿者制作家具

也几乎每人一个月，轮流常驻在工程现场。居住在当地临时住房里的老婆婆经常请他们吃午饭喝茶，就像疼爱自己的外孙一般照顾着他们。

"建造"与"居住"的一致性

十月二十六日，我们终于迎来了竣工仪式。这一天，熊本县厅的土木部建筑住宅局局长、仙台市副市长和宫城野区区长、建筑工人、为我们提供物资的供货商们以及我和我的三名助手都受到了邀请，加上当地居民，约四十人共同参与了盛大的庆祝仪式。庆典结束后紧接着又开始了热闹的宴会。宴会上，居住在这里的妇女们煮了红薯来招待大家。那一天，政府官员、建筑工人、居民和学生们从白天开始就一同饮酒聊天，直到夜里围坐在炉火旁依旧继续畅谈。即便是平日里在临时住房中艰辛度日的人们，在这一天里也将家里腌制的咸菜、海鲜等吃食尽数拿来，同大伙儿一起痛快畅饮。

十月末的东北已进入冬季。柴火炉中跃动着欢快的火苗，仅仅一台就足以让室内宛如盛夏，受到了居民们的一致好评。冬季天黑得早，小屋四周很快就暗了下来，只有"大众之家"的亮光在黑暗中隐约浮现着。居民中有在灾难中失去家人的人，大伙围坐在榻榻米上的被炉里聊天的过程中，一位女性终于抑制不住感情留下了泪水。她紧握着我的手，对我倾诉着"这份光明很暖心""小木屋散发的香气能让心情平静下来"等等发自心底的感激之语。

开始从事建筑这份工作至今，我第一次体会到原来设计方与居住者能够如此心心相通。原本人们认为，遵循近代合理主义体系设计的建筑，无法实现"建造"与"居住"的统一。而我也曾自认没有能力消除这一屏障。然而这一天，我切切实实感受到了建造与居住之间屏障的消融。但令人遗憾的是，这一初次的体验也仅仅成立在这种特殊的情况之下，在通常的设计行为中，这种关系依旧无法成立。但即便这一感觉稍纵即逝，对于建筑师而言也是无上的幸事。

在那之后，位于仙台市宫城野区的"大众之家"在自治会会长平山一男先生的号召下，得到了超乎预想的充分利用。人们在这里饮酒、进餐、互相抚慰。我偶尔还会再次拜访那里，每次都会受到盛情款待。甚至有人告诉我，他待在这里的时间比在家的时间都长。在这里，我深切感受到东北人民对心与心之间那份羁绊的重视，以及他们内心的温暖。我甚至感到，如今的他们虽然承受着难以言喻的艰辛，但与孤独地生活在东京的人们相比，或许他们更加幸福。

心与心的羁绊并不仅仅存在于居民之间。为小屋提供资金援助的熊本县也有很多人来到这里。小屋之中，从熊本赠送而来的"吉祥物冠军"毛绒玩具"熊本熊"，被精心装饰在供奉神明的地方。曾造访这里的县议员中有一位酒厂的主人，他还将贴有同这里居民合影标签的烧酒赠送给了大家。因为这处小屋的建造，这里开始了种种心与心的交流，而这份心的交流也正是"大众之家"的真正意义所在。地震灾害发生后，这里接受着来自日本国内以及世界各地庞大数目的捐款和援助物资。对于这些善意的援助我们理应心存感激，但我依旧认为，真正能够构筑起良好人际关系与社会存在方式的，应当并不仅仅是单方向的行为，而是心与心的交织。

"大众之家"从这里延续

我开始尝试以归心会为中心，接受来自世界各国企业及各界人士的募捐，并以此将"大众之家"项目不断向灾区进行推广。就这样，由山本理显先生设计的釜石市平田地区临时住房区的"大众之家"也于二〇一二年五月诞生。而由伊东建筑塾同伊东事务所共同设计的，以釜石市商业街复兴为目标的"大众之家·KADATTE[1]"也于同年六月下旬竣工。

釜石市东部地区的商业街在这次地震灾害中受到了毁灭性的损害。那里是釜石最主要的一条街道，但在地震发生之前就有很多店铺面临经营困难的问题，因此灾后复兴并非易事。然而在这样的困境中，依然有一位通过成立非营利组织独自努力着的商家。他就是经营点心店的鹿野顺一先生。我们在二〇一一年六月的工作坊中第一次会面。年轻的他无论何种情

1　釜石方言。号召大家"一起来"之意。——译者注。

釜石市商业街"大众之家·KADATTE"外观

釜石市商业街"大众之家·KADATTE"内部装修图

形都能理性面对，但当时却用极其坚定的语气对我说："自己的街道我们自己来造。"这种即便孤身一人也会独自努力奋斗的性格很符合釜石的个性，但在几次会议碰面沟通过后，我们渐渐开始能够推心置腹地交谈了。

鹿野先生在被毁坏的自家店铺旁建了一处预制结构房屋，准备以此为据点开始商业街的复兴。我提议，不如在那里建造起一处由钢筋支柱与木质框架搭建的"大众之家"。虽然5.7米 × 12.8米的建筑面积并不算大，但这里不仅将被作为商业街复兴活动的据点，同时我们也采纳鹿野先生的意见，将房屋设计为内部无支柱的开阔空间，以作为儿童和妇女举办小型活动的聚集场所。

在鹿野先生的带领下，当地人们一起制作家具、粉刷墙壁，在大家的共同协作下，这处小屋于六月二十三日迎来了小型的竣工仪式。虽然这里同宫城野区的"大众之家"一样，仅是一处鞍形屋顶的简易小屋，但房屋的构造设计出自佐佐木睦朗先生之手，其空间更显精炼。我希望这一属于整条商业街的"大众之家"，在今后能够促成更多心与心的交融。

另外，我也在考虑可以在紧挨釜石鱼市的地方，建造一座专属渔民的"大众之家"。这处"大众之家"并非新建的建筑，而是准备使用渔民们曾经利用的看守小屋。二〇一〇年威尼斯建筑双年展上，巴林馆获得了"金狮奖"。策展的主题是因重新开发而被遗忘的渔民看守小屋。展出的小屋曾在东京都现代博物馆巡展，但在展出过后听说它将被处理掉，于是我索性将其买下，随后因这次契机带到了釜石。这个看守小屋在寒

　　　建筑，从那一天开始

冷的釜石缺乏良好的隔热性与耐雨性，因此我将它稍作加工，如此一来，连接巴林与釜石的"大众之家"便诞生了。

威尼斯建筑双年展与陆前高田的"大众之家"

在二〇一二年的威尼斯建筑双年展上，我担任了日本馆的总策展人。日本馆每年的展示费用都由日本国际交流基金会的预算承担。本次我作为总策展人所选择的展示主题是"建筑，能够在此实现"。

参展的艺术家包括摄影师畠山直哉先生，以及三位青年建筑师，他们分别是乾久美子女士、藤本壮介先生和平田晃久先生。畠山先生的老家在陆前高田，他在这次地震中失去了母亲和家园。

出于此缘由，本次策展我们选址陆前高田，并在展览中，将出自设计师三人之手的"大众之家"，从设计伊始至施工为止的全部过程进行了展示。三位建筑师年龄均在四十岁左右，风华正茂。三人虽然都很有个性，但亦是可以理性地探讨建筑之人。因此，我想针对在失去一切的土地上究竟应当建起怎样的建筑这一点，与他们共同透彻地分析讨论。我希望能够在这次设计中，超越"个体"，由三人共同联手设计出一栋建筑。因为我认为，在这种极端的情形下，我们可以抛却私人利益，达成一个更具深度的共识。

摄影师畠山直哉先生同样认为，建筑与拍摄虽媒介不同，但围绕作品意义本身却存在着同样的问题。正如当他面对失去了一切的陆前高田的景象时，不知应当如何举起手中的相机，拍出怎样的影像作为作品呈现出来一般。

我们当初规划在日本馆的前方建造这一"大众之家"，并在展示结束之后将其移至陆前高田。然而如此一来，在当地完成建造就需要待到二○一三年春天之后。于是我们决定还是尽快在当地将其建设起来，这样就可以尽早让当地的人们加以利用。而威尼斯建筑双年展则采取记录整个设计过程的方式进行。

从二○一一年十一月起，我们五人开始会议讨论，并一起造访宫城野区的"大众之家"，同时也为了了解建筑用地造访陆前高田。然而三位建筑师似乎一直处于不知当从何入手的困惑之中，畠山先生亦无法面对灾后的情景鼓起举起相机的勇气。我自己虽从旁鼓励着他们，但实际上，自己也因无法看到前景而开始不安起来。

然而，当我们邂逅陆前高田的菅原美纪子女士之后，这种不安开始转变为希望。她的年龄应当在五十五岁左右，曾在这个城镇的中心地带经营着一家理发店，在海啸中失去了自己的家园。如今居住在位于山地高台临时住房里的她，为了居住在这里的其他人忘我地付出着。她在空地上搭起小帐篷，通过举办烧烤活动等促进彼此的交流，让人们重新鼓起生活的勇气。

我们在看到此番情景之后，抱着要在这里建造一处"大

陆前高田现场会议。众人围坐在菅原女士（正中央）身旁。

众之家”的决心返回了东京。然而新年伊始，当我们准备第二次造访之时，菅原女士突然联络我们，要改变先前的选址。她提出希望将“大众之家”建设在之前受灾的城镇中心附近。原因是先前的选址只能供三十户左右的临时住房居民使用，新的场地则可供更多的灾民共同利用。

新的选址位于山麓之上，从这里可以一眼望尽经受海啸洗礼过的陆前高田中心地带。我们去到选址之处时，那里已经搭起了一处 5.4 米 ×7.2 米的帐篷小屋。

我们一行五人被领到帐篷小屋内，屋里除了一处够几人围坐在煤油炉旁的空间之外，其余都被救灾物资填满。

我们坐在那里，享用着这里的居民在帐篷外为我们准备的红薯和姜汤，用半天的时间听菅原女士述说了她对灾难的回忆和对“大众之家”的期待。在这处周围海风肆虐的帐篷中，她指导附近居民做一些简单的手工活，听他们述说苦楚，为他们排忧解难。聊天的过程中，这里也不断有街道的居民造访。菅原女士是一个热情四溢的人，她所做之事同政府的复兴工作并无直接关系，却是凭借一己之力尽其所能来鼓舞他人。

听过菅原女士的话，三位建筑师似乎同时对"大众之家"的设计有了灵感，提出使用山麓上被海啸侵蚀的杉树圆木制作房屋等创意。树木虽已枯萎，但作为建筑材料却依旧足够结实耐用。我们在脑海中迅速形成了用十米左右高的杉树垂直搭建"大众之家"的构想。

之所以能够诞生建造这样垂直性强的房屋的想法，我想同眼前这位菅原女士的个性与热情密不可分。建筑用地就选址在山麓之上，从那里可以望见被夷为平地的城镇中心及其前方的大海。每当碰头会结束，我们要坐巴士返回东京时，菅原女士都会挥手为我们送别，直至车从她的视线里消失。这样如电影般的场景，深深地印刻在了我们每个人的脑海中。我们在建筑物的上方设计了一处类似展望台的平台结构，相信当房屋建好之后，菅原女士依旧会站在那里如现在这样挥手同我们作别吧。这一建筑形象犹如战场上的临时山城一般，枯萎的杉木重新矗立在大地之上，我相信这一定会成为灾后重建强有力的象征。建筑于二〇一二年八月初上梁，十月末竣工。

另一方面，威尼斯建筑双年展的展示计划也由我们五人团队与陆前高田的设计同步进行着。其实在双年展上，仅仅用记录设计过程的模式进行展示的方式让我们有些不安，我们担心以灾后日本这一特殊状态为前提的探讨结果，是否能够得到世界其他国家人们的理解。

然而这种不安完全是多余的。为了每周的会议能够顺利进行，三位建筑师不断地摸索设计着供研究用的模型，数量超过一百五十个之多。眼前这些突破个体风格局限的不同尝试，直观地传达着他们的热情与真诚。

展厅中，在环绕这些模型的墙壁上贴有畠山先生拍摄的全景图。这些照片取景于"大众之家"选址的附近，是畠山先生从二〇一二年六月末开始用特殊性能的相机所记录下的陆前高田的风景。

照片中灾后破碎的瓦砾已被清理。绿色的风景，取代了灾难刚发生过后的那些冲击性的景象。然而那种甚至可以将悲伤扼杀的沉重氛围，却通过照片静静地渗透到了每位观展人的心中。我自己也为畠山先生在痛苦挣扎一年多后下的这一决心，留下了感动的泪水。

在八月末开展两天之后，预展会的日本馆里迎来了众多流连忘返的观展人。会场当中树立起的二十五根来自陆前高田的杉树圆木作为模型唤起了人们对"大众之家"的想象。我们深刻地体会到自己凝聚在这一小小项目上的心血得到了众多到场者的认可。随后，在八月二十九日清晨正式开展后，我们凭借日本馆的展示，荣获了威尼斯建筑双年展最高荣誉金狮奖。

第四章

关于『伊东建筑塾』

创建建筑塾

建造『格林格林绿化馆』的经历

在建筑塾中教授什么？

学术建筑教育中的『概念』是什么？

游离于现实社会之外的建筑教育

拥有社会意识的重要性

创建建筑塾

我于二○一一年开创了教授年轻人建筑的私塾——"伊东建筑塾"。我从十年前开始思考建筑教育。虽然我决心不在大学里教学，但也经常有机会作为客座教师受邀讲评学生的设计作品。然而最近我感觉那里已不是值得我留恋之处，即便去了也屡屡意犹未尽，失兴而归。

我想这其中最大的原因，是因为我所参与的讲评会始终围绕设计概念的好坏进行评议。我会这样说，并非是在谴责大学教师，只是在大学设计教育中运用的"概念"是非常抽象的东西，实在无法将其与现实社会中的建筑联系到一起。简而言之，这一"概念"并不存在真实性。而且我感到这种倾向正在逐年加重。而另一方面，由于电脑系统中 CAD[1] 的导入，图形设计越来越精致。学生的设计只是瞩目于制图环节而缺乏真实性。从某一时期开始，我再无法忍受这一状态，也就不愿再到大学里去了。

建造"格林格林绿化馆"的经历

出于上述经历，我一直在思考着，应当如何才能教授给年

1　Computer Aided Design。中文名称：计算机辅助设计。——译者注。

轻人建筑所能实现的愉悦感与感染力。一次偶然的机会，我在福冈市岛城中央公园的体验学习设施"格林格林绿化馆[1]"（二〇〇五年竣工）的设计过程中，同该市的副市长进行了交谈。这一项目除主体设施之外，还计划建几处凉亭（庭院内的避暑场所）。当我询问凉亭的设计是否可以同学生一起进行时，副市长欣然允诺道："这是一个不错的想法，之后福冈市每隔一年会拨一笔预算，暑期的时候你就招募学生，同他们一同设计吧。"这样一来，我同学生开始一起通过举办工作坊的方式设计凉亭，工作坊总共进行了两次。

　　第一次时我负责全程监控，由一位执教于泰国曼谷朱拉隆功大学的泰国女建筑师与一位福冈年轻女建筑师共同指导进行。由于准备时间仓促，参加者仅限九州大学研究生，而他们几乎都是福冈出身的学生。通过那次活动，我们设计出了以铝材为建筑材料的凉亭。第二回工作坊因为留有一些前期准备时间，所以我从全国各地招募学生参加活动。项目以九州大学与京都大学的团队为主体，由居住在九州的建筑师矢作昌生先生指导。这对于学生们而言是一次难能可贵的锻炼机会。

　　他们虽然资质优秀，但在实践中还是吃了很多苦头。凉亭

1　格林格林绿化馆是坐落在福冈市东区的岛城中央公园内的主要建筑。是一座拥有可控温室培养及举办工作坊空间的体验型学习设施。
网址：http://ic-park.jp/sisetsu/index.html

岛城中央公园内的凉亭

体积虽小，但毕竟是安置在市公园内的公共建筑，因此他们必须考虑屋顶的安全性以及防止流浪汉夜里入住等大学课堂中未曾涉及过的问题。凉亭主体为混凝土结构，其上又经粉刷，欲展现圆柱形物体悬浮在地面之上的形象。为此，学生们专程去到大分县，拜访了当地有名的粉刷匠原田进先生，并邀请他亲自莅临施工现场。在他的指导下，学生们尝试自己动手完成粉刷工作。

学生们一边要自己绘制施工图，一边还要亲自督工。我相信通过这些，他们应当切身感受到了在这个由制度与规定构成的管理型社会中，建筑是如何成型的。

同时，他们也亲身体验了一次从掘土打地基直至建筑物成型这一真正建筑诞生的完整过程。这之中的每一个环节，他们都必须一边同工匠们商讨一边思考。这是一次非常好的训练。实际上，参加过这一项目的其中两位学生，现在已经作为新生代的建筑师活跃在了建筑行业。虽然我很想继续为他们创造这样的机会，然而遗憾的是当时的副市长离任，再加上政府经济状况的恶化，这一活动举办两次后便无疾而终。

在建筑塾中教授什么？

在那之后，我又收到了在今治市的大三岛上设计一座小艺术馆的邀请。当时，大三岛上已经有一座名为"TOKORO"的美术馆，而慈善家所敦夫先生欲出资配楼，并将其赠予今治市。在设计过程中，我曾对所先生提到，总有一天自己会创办一所私塾，在那里实施自己风格的建筑教育。听到我的这一想法后，所先生对我说："如此我便将计划建造的艺术馆转赠于你，在那里办起你的私塾吧。"起初，听到这一消息的我惊讶无比，但随后今治市也表示赞同，于是二〇一一年夏天，我所设计建造的艺术馆以"今治市伊东丰雄建筑美术馆[1]"的名称开馆。但是由于我很难立刻将迄今为止的活动据点转移，

1　今治市伊东丰雄建筑美术馆，于二〇一一年开馆。位于濑户内海的大三岛上。由四种类型多面体连接构成的Steel Hut与伊东旧宅经翻修后的Silver Hut两处建筑构成。Steel Hut内有展厅、沙龙及展望台。Silver Hut内则设有收藏了伊东作品设计图、文件等的资料室。网址：http://www.tima-imabari.jp/

今治市伊东丰雄建筑美术馆 Steel Hut　©阿野太一

今治市伊东丰雄建筑美术馆 Sliver Hut　©阿野太一

建筑，从那一天开始

只身前往今治市教授年轻人，于是我决定在东京也成立一所建筑塾。

虽然我的设计事务所也是一处施教之地，但为了让设计顺利进行，我自己的精力无论如何都会集中在考虑下一步的事情上。所以在单纯的施教场所，我希望能更加冷静地进行思考。如果以"今后的建筑应当用何种方式展现"这一研究为前提，那么怎样的建筑理论将会是成立的呢？我想针对这一问题，将解决方案条理清晰地整理出来传达给学生们，并同他们一起探讨。我相信这对于自己也定有裨益。

于是我于二〇一一年五月，在东京创立了"伊东建筑塾"。第一期的学员年龄职业都不同，有大学建筑专业的学生，也有经营建筑事务所的人。建筑塾开课的第一年是二〇一一年，正值地震之后不久，于是我将探讨主题设定为"釜石复兴计划"。六月初在同釜石当地居民一同举办工作坊时，十四名学员也一同到场。之后从他们口中得知，釜石之旅给他们很大的冲击。学员中的很多人表示，今后也会继续思考自己对于釜石而言力所能及之事。

出于这一原因，二〇一一年后半年我们也继续共同致力于设计釜石"大众之家"的项目。我同建筑塾学员们之后再次造访釜石，去聆听当地居民对未来城镇建设的憧憬。居民们充满热情的想法让我们深受鼓舞。

第一年的课程于二〇一二年三月份结束，而釜石商业街的"大众之家·KADATTE"也于六月顺利完工。这也算为第一

伊东建筑塾中学生们上课的场景

期建筑塾画上了一个圆满的句号。

伊东建筑塾有三种形式的讲座。讲座 A 在周六面向普通
人开设，邀请风格各异的讲师由他们自由授课。讲座 B 集中
讲授专业建筑知识，加深学员对建筑的了解。讲座 C 面向高
年级小学生开设，引领他们思考"家园"与"城镇"的概念。
三种讲座均历时一年，讲座 B 与讲座 C 采取学员约十人左右
的小班授课模式。

建筑，从那一天开始

学术建筑教育中的"概念"是什么？

我曾在前文中提到，大学建筑系的教育往往在于评价设计概念的好坏。那么所谓的这一"概念"究竟是什么？

我自己也经常使用"概念"这一词汇，然而其实"概念"这一想法本身就存在问题。因为它仅仅是建筑师设定在建筑这一局限性的框架中的一个抽象理论，亦即脱离现实社会而仅仅成立于框架之中的东西。

例如，学生们被教导说："在设计集体住宅时，不应只考虑居民居住的部分，而应当重视居民能够共同利用的社区空间，针对这一部分如何提出好的解决方案，这一点非常重要。"于是，学生们便设计出各种理想模式的社区空间作品进行汇报。其结果是，老师会做出"这个概念不错"等等的评价。然而真实情况是，现实社会中的集体住宅，无论是公共或是民营，能够真正建造起这样空间的情形微乎其微。这是因为没有能够支撑社区空间成立的社会以及经济基础。然而大学里并不负责教授这些现实的东西，即便明明为何这种概念无法成立才是首先应当去思考的。这一问题的答案是，建立在全球经济基础上的现代社会，由于私人空间更具有经济价值，因此社区空间没有其存在的必要性。然而针对这一点，大学的老师或者学生都不愿多加思考。

简而言之，他们深信，"只要有空间，社区就能够成立"，只要建筑师提供社区的建造方案，理想中的社会就一定可以将其实现。他们身为一名社会成员，却并不拥有如何与社会挂钩的自我意识。我认为，比起单纯地提供共同空间的建造方案，去思考为何现实社会无法很好地去实现建筑师描绘的社区空间这一问题远远更具价值。然而如今的年轻人认为，这并非是建筑师需要思考的事。就连进入我事务所工作的年轻职员也存在着同样的问题。以前的员工似乎还具备一些作为社会人的常识，而现在就连非常优秀的员工在这一点上亦有所欠缺。我想，从某种意义上讲，这也许是他们接触建筑之前就存在的问题了。

游离于现实社会之外的建筑教育

建筑概念中所使用的"社会"与"社区"的定义同现实社会并无直接关联。这里的"社会"，是建筑师为方便起见而将现实社会抽象化的一个定义。在这一被抽象化的"社会"框架中，他们玩弄着"社区"这一更为抽象的概念。因此当他们说，要通过建筑如何如何将社区进行展现时，这种展示方式已完全游离于现实之外。然而即使游离于现实社会之外，由于它在学生自己的理论中完全成立，因此学生们依旧因这一极为观念性的东西而自我满足。我认为，学生们应当更加直面现实，向前一步将自己融入现实当中，否则是无法创造出真正的建筑的。因为现实社会根本不会接受他们概念性的提案。

如果去参观大学毕业设计展，你会发现那里聚集了大量这

大家的森林·岐阜媒体世界竣工图

样的学生。他们仅仅在比拼自己的理论如何无懈可击，展现方式如何完美无缺。而评论家和老师们也仅仅是在评价概念的好与坏。

拥有社会意识的重要性

我认为这已然是一个相当严重的问题了。如果一直这样下去，我们将很难真正培养起拥有社会意识的新生代建筑师。因此在这次灾难之后，我一次次叮嘱年轻人，要到灾区去，亲眼看看那些站立在瓦砾上却依旧想重新生活的人们。之所以这么说，是因为我觉得，首先应当让他们认识到自己每天大讲特讲的所谓设计概念其实是何等虚空，何等的纸上谈兵。面对那些房屋遭毁甚至无家可归的人们，那些抽象的设计图没有任何说服力。当对方已然身无一物时，你自己也需抛掉一切，只有这样坦诚相见，两者之间的对话才能够成立。这一点对于我自己而言同样十分重要。

二〇一一年，我主持举办了岐阜新建图书馆[1]的发表会。图书馆基本设计已经完成，因此我们面向城镇居民召开了发表会以及市长本人参加的研讨会。我还前往公立小学，在六年级学生的课堂上针对图书馆设计进行了两次发言，这也是设计方案审批的中心环节。

那所小学中有非常优秀的孩子们，他们不仅为自己着想，还希望可以在设计图书馆时考虑到老年人和比自己年幼的弟弟妹妹。他们所提出的那些为他人着想的方案和建议正体现了非常初步的社区社会意识。然而当他们成为大学生之后，这种意识却消失了。这只能让我感觉到，他们是在接受培养专门性人才的过程中，渐渐忘却了这种本质性的东西。

1　岐阜新型图书馆项目，是"冈丘上的城镇梦计划"第一期开工的集中央图书馆与市民活动中心为一体的综合性设施。名称为"大家的森林·岐阜媒体世界"。由伊东主导的基本设计方案于二〇一一年八月公布。详情见第六章。

第五章

我走过的路

学生时代的事

启蒙导师菊竹清训

首次接触海外的现代建筑

对大阪世博会的质疑

反映着时代闭塞感的建筑

向拥有社会性建筑的转变

泡沫时期在东京构思的『形象式建筑』

公共建筑处女作

欲打破公共建筑拥有的权威性

仙台媒体中心

存在于空间感觉中最底层之物

让建筑亲近自然

重新思考内与外的关系

打破建筑的模式性

学生时代的事

　　我在并没有想成为建筑师这一明确动机的情况下，就踏上了建筑之路。自己最终成为建筑师只能说是顺其自然的结果。我在东京大学的教养学部[1]学习了半年之后，依据当时的成绩可以提交专业申请书。入学之初我原本是想进入电气工学系的，但以当时的成绩只能选择建筑、土木工程或者采矿冶金等专业，于是我便选择了相对较为倾心的建筑专业。

　　当时丹下健三先生是东大的副教授，那段期间他正在负责东京奥林匹克运动会代代木体育馆的设计工作。现在想来，那应当是丹下先生从事建筑事业最辉煌的时代吧。然而当时的我并没有什么建筑常识，也未曾专心致力于建筑设计。虽然听过勒·柯布西耶的名字，但对他的建筑也几乎一无所知。我就是以这样一种状态进入了建筑系学习。在我的同学之中，也会有从高中就开始阅读建筑杂志的人，但与现在的时代不同的是，对于建筑，大家都只是一知半解、略懂皮毛的程度而已。

　　当然在我的同伴中也有几人，决心既然学了建筑便想在

1　东京大学教养学部，前身为旧制第一高等学校（一高），位于东京都目黑区驹场校区，因此也简称驹场。考入东大的学生需要在教养学部接受两年的通识教育，取得一定学分后，再根据成绩及本人意愿确定院系、专业。除大部分学生分入本乡校区的各专业外，还有一部分学生选择继续教养学部后期课程的学习。——译者注。

将来从事设计行业。我经常同他们一起喝酒讨论。在他们的带动下，我渐渐也开始对设计产生兴趣。但即便如此，同其他人相比，我学习也并不算积极，充其量只是个平庸的学生罢了。

我真正开始对建筑设计产生兴趣，是在大学四年级的时候。那年暑假，我在二〇一一年过世的菊竹清训先生的事务所打了一个月的工。当时，菊竹事务所正在忙于菊竹先生的代表建筑之一"东光园宾馆"的设计收尾工作。事务所的氛围十分严肃。我被团队成员在做出决断时的专注与热情深深打动了。看着整个团队如此全身心地倾注于建筑设计的姿态，回想起自己一直以来安逸的生活状态，心里很不是滋味。我想在这里从零开始学起，于是在打工的最后那一天我问菊竹先生："毕业后是否可以让我在这里工作？"他当场就回答："没有问题。"

在那之后，我觉得在正式进入事务所工作之前，应当先去了解一下菊竹先生本人的作品。那时正值东京奥运会举办之际，于是我独自从山阴地区[1]到濑户内地区[2]进行了一次旅行。我沿途观赏了菊竹先生设计的出云大社厅舍[3]和正在施工的东

---

1 广义上包括京都府北部、兵库县北部、鸟取县、岛根县、山口县北部这五处日本本州岛上面临日本海的地区。——译者注。

2 指环绕日本本州岛西部、四国岛、九州岛的濑户内海沿岸地区。——译者注。

3 即市政大楼。——译者注。

光园宾馆，丹下健三先生设计的广岛和平会馆原爆纪念陈列馆（现广岛和平纪念资料馆）以及仓敷市厅舍（现仓敷市美术馆）、仓吉市厅舍以及前川国男先生所设计的冈山县厅舍等战后日本的代表性建筑。在那次的旅程中，我第一次真正接触到现实存在的建筑作品。在此之前，就连前川先生的设计作品，我也仅仅是在东京文化会馆中见过而已。

启蒙导师菊竹清训

一九六五年从大学毕业后，我有幸在菊竹先生的事务所工作了四年。我能够成为建筑师，受菊竹先生的影响很大。在菊竹事务所最初的两年里，我一直负责现在东急田园都市线沿线的开发设计规划[1]工作。这一规划主要是负责解决各站周边的商业设施和集体住宅区的配置等总体规划问题，以及负责对集体住宅区的建设提议。铁道本身是磁悬浮轨道，其周边则是土地有起伏的良好住宅地。整个规划是以车站为中心，向周边的购物中心及居民服务中心等据点辐射形成社区。

对于城市规划而言，即便如今，统一对土地资源区划调整

1　东急田园都市沿线开发设计规划，旨在于东急田园都市线沿线上开发新的居住城市的规划。该规划由东急事业开发部与菊竹清训事务所共同立案。其基本构思是首先设定建筑物密集度高的据点，再将它们用名为绿色网的林荫道与名为购物网的商业街相连接。

在菊竹清训建筑事务所工作时的作者

的想法依旧是主流，因此在当时还没有先行开发据点的网络型开发构想。然而就在同一时期，克里斯托佛·亚历山大[1]发表了《都市非树》的著名论文，该论文中对将都市作为网络进行规划的先驱性尝试做出了很高的评价。因此，菊竹先生的构想恰恰走在了时代的最前沿。然而由于这一想法无法被开发商东急电铁所接受，初始方案最终未能顺利执行。

菊竹先生时刻教导我，建筑需要用身体去思考。大学时代的我曾认为，建筑是用头脑去思考的东西。当时恰巧正值新陈代谢派的全盛期，因此我自认为，思考如何构筑理论，再遵循那一理论去设计建筑才是至关重要的。既然菊竹先生是新陈代谢派的主导人，那他本人也一定会是一位理论家。然而真实的菊竹先生，却是同我想象中的风格完全不同的一位建筑师。他感情丰富、富有灵感，并会将那些源源不断的灵感注入建筑当中。

在菊竹事务所工作的每一天，我都能深深体会到仅凭理论无法构筑建筑。换句话说，用头脑思考出的想法，三天就会改变，然而愿意付出全身心的想法，一生都不会改变。当你被问及，是否真心想去做一件事时，如果并非愿付出全身

1　克里斯托佛·亚历山大，维也纳出身的城市规划师、建筑师。他的代表论文是发表于一九六五年的《都市非树》。在该论文中亚历山大主张，近代之前的城市结构并非树状的阶层结构，而是由各种集合体相互重叠发展变化而来的。这一理论作为建筑向近代城市规划方式的一个过度，对诸多建筑师和城市规划师都产生了影响。

心则最终无法成功。这个道理是我从菊竹先生那里学来的，从这个意义上讲，支撑我现在依旧从事建筑设计的恩人，正是菊竹先生。

我发现，如今的年轻人并不愿意将这种感情外露。而曾经在我事务所工作的很多员工，都会积极地同我据理力争。他们是那么喜欢讨论建筑，甚至到了让听众厌烦的程度。然而现在的年轻人，即便主动邀请他们吃午饭，很多人也尽量避免和我谈论有关建筑的话题。理由之一也许是因为同之前相比，我和现在的员工间年龄差变大的原因。然而如果换作是我，还是会很愿意积极地同长辈讨论问题。想想实在可惜。

首次接触海外的现代建筑

得以亲身领略海外建筑的风采，是在我二十六岁的时候。当时大阪即将举办下一届世博会，参与建筑设计的建筑师组成了一个名为骨干设施设计的团队，由丹下先生担任团长，团员包括矶崎新先生、黑川纪章先生、大高正人先生以及菊竹先生，也就是由新陈代谢派成员组成的团队。他们每周碰一次头，召开针对基本设计的会议。丹下先生办公室所在大楼里有一间准备室，每位建筑师都会派出自己事务所的一名年轻员工，大家聚在一起组成一个工作小组。菊竹先生的事务所选派我过去，在那里我有幸第一次同丹下先生、矶崎先生以及黑川先生等人直接接触。

一九六七年，恰巧建筑杂志《新建筑》主办了第一届海外建筑视察团。主要视察蒙特利尔世博会，视察团由早稻田大学毕业的武基雄先生担任团长，大高正人先生任副团长。当时，菊竹先生对我说"你也去参加吧"，于是我作为菊竹事务所派出的视察员加入此行，这也是我人生中首次去海外参观建筑。我当时想，机会难得不妨干脆再请两周的假，同时去美国和欧洲周游一圈。在询问菊竹先生之后，虽然有些勉强，但他最终还是答应了我的请求。那是我第一次乘坐飞机。那个时代一美元兑换三百六十日元，对所持外币数目仍有限制。

在蒙特利尔世博会上参观的由巴克敏斯特·富勒设计的美国馆[1]，以及经弗赖·奥托之手设计的支撑膜结构的西德馆[2]至今依旧让我印象深刻。那些世界最前沿的建筑给予我极大冲击。西德馆高达六十米，小型单轨列车的迷你轨道直通展馆内部，巨大的球形建筑中建造着小型都市，令人感觉仿佛置身于未来城市之中。西德馆的球形屋顶被六角星型高分子聚合材料丙烯

1　巴克敏斯特·富勒的美国馆，由巴克敏斯特·富勒设计的球形建筑，被称为测地线球形建筑。建筑使用正二十面体拼凑出接近于球体的形状，又在其中加入正三角形的元素建造而成。该馆最初作为蒙特利尔世博会的美国馆而建造。随后成为蒙特利尔生物圈博物馆并保存至今。

2　支撑膜结构的西德馆，支柱支撑人工纤维制成的布状膜构成的建筑。由于人们开始对支撑膜的帐篷式建筑进行研究是在进入二十世纪之后，因此弗赖·奥托被誉为膜建筑与结构技术的先驱。

合成树脂做成的薄膜所覆盖。夜晚时分，整个建筑便会化身为如满月般闪闪发光的球体。每块薄膜上都带有一个被分割成三角形的百叶窗。阳光照射进来时，在电脑系统的控制下，百叶窗部分会发出"咯哒咯哒"的声音自动闭合，而当光线变暗时，窗子又会自动打开。面对这一场景，我只能呆呆伫立在那里默默仰望。弗赖·奥托设计的西德馆被无限延伸的无形帷帐所覆盖。曾经，在我脑海中的帐篷式建筑，定然是封闭良好且形态固定的。然而他的膜结构却同我脑中的概念完全不同。卡尔海因茨·施托克豪森的音乐在其中流淌，空间与音乐效果交相辉映，我当时被感动得一塌糊涂。我这个建筑界的乡巴佬，第一次完全为眼前的这些最前沿建筑深深折服。

还有一个印象深刻的地方，就是作为世博会主题馆建造的萨夫迪的"Habitat 67[1]"。这是一座像集装箱一样的水泥块状物堆积起的立方体集体住宅。当时的萨夫迪同我的年龄相差无几，而年纪轻轻的他居然能做出如此大的尝试，这令我非常震惊。之后我又在纽约看到了路德维希·密斯·凡·德·罗设计的

1　Habitat 67，位于加拿大蒙特利尔圣罗伦斯河畔的一个住宅小区。该建筑起初是作为蒙特利尔世博会工作人员的临时住所建造的。建筑基于当时二十多岁的萨夫迪在研究生论文中一个建造模式的提案而设计。该建筑由预制混凝土制成的正方形模块堆积而成。一处住户由三四个模块组成。建筑于一九六七年竣工。

西格拉姆大厦 [1]，在欧洲见到了勒·柯布西耶、阿尔瓦尔·阿尔托、汉斯·沙隆等人设计的建筑。我感觉自己用一个月的时间，一口气看遍了二十世纪的建筑名作。当时并不比信息量如此巨大的现在，因此我每天都在兴奋中度过。

对大阪世博会的质疑

一九六七年蒙特利尔世博会过后，大阪也于一九七〇年举办了世博会。然而大阪世博会上的建筑，我感受不到丝毫魅力，甚至想问一问在这过去的三年间究竟发生了什么。在我眼中，世博会似乎已成为一个堕落的偶像。这不单是因为建筑设计本身失去了魅力，很大程度上也是因为当时的世相发生了巨大的变化。当时我正在菊竹事务所从事世博会铁塔 [2] 的相关设计，而我的朋友中间也有在积极参加学生运动的人。虽然自己没有直接参与其中，但我们身边的很多人都是拥护"全共斗 [3]"的人，

1　西格拉姆大厦，位于美国纽约市中心公园大道的摩天大厦。它是现代主义建筑大师路德维希·密斯·凡·德·罗代表作之一。以钢筋框架与玻璃为幕墙，拥有强烈存在感的这一台式塔楼，在当时属于划时代的建筑。这一设计在完成之后，成为现代主义高层建筑典范，并出现了很多追随者。建筑于一九五八年竣工。

2　世博会铁塔，作为大阪世博会地标建造的铁塔。这一使用钢铁管道建造的桁架结构铁塔包括避雷针在内高达一百二十七米。其上展望台由球形体（五十四面体）构造而成。铁塔因老朽化于二〇〇三年解体。

3　一九六八至一九六九年日本爆发学生运动期间，学校内部组成的活动联盟。——译者注。

大家都不想因此被当作背叛者。

我经历了二十世纪六十年代的学生运动与二十世纪七十年代安保斗争[1]，我自己虽然未参与当时的游行，但对于学生运动却抱有同感。同时我也亲身体会到，走在前沿的建筑师们为寻求社会的革新正逐步投身资本主义经济浪潮。最终虽对菊竹先生抱有歉疚之情，我还是在一九六九年，也就是世博会举办的前一年离开了事务所。

我并非是想大张旗鼓地自立门户，而仅仅是单纯地辞掉了工作。我的真实心声是，再也不想同大阪世博会扯上半点干系了。因此，在大阪世博会开园之后，我一次都没有去过。我曾有一次回到大学里，想用电脑来做研究设计，但大学已经被学生设置的屏障封锁，最终只能靠自己的双手开始设计。我在当时对将来未曾抱有任何展望，辞掉事务所后的一段时间里也再没接到什么工作。那时的我，经历着一个仅靠亲朋好友的介绍维持生计的艰难时期。

反映着时代闭塞感的建筑

当时，和我同一年代的年轻建筑师们，包括我自己在内都认为，身为建筑师的基本立场应当是批判国家与社会。那

1　反对日美安全保障条约改定的斗争。——译者注。

时的我们，后来被槙文彦先生称为"和平年代的野武士[1]"。我曾与石山修武先生、渡边丰和先生和已故的毛刚毅旷先生等人饮酒之余共同就建筑理论进行论战。讨论进入到白热化时，甚至发生过互掷酒杯的情形。我们打着反对体制的旗号，自己把自己硬生生逼到了见不到阳光的地方。也因此，我一直以反对势力的立场，或者说怀着"建筑师就理应批判"的想法进行着建筑设计。

我在一九七一年开设了自己的小型工作室。当时，学生运动的高潮已经退却，在年轻人中间飘荡着一种挫败感。如此声势浩大的运动，最终却仅仅令大学和社会环境更加保守，这让我自己也沉浸在对建筑的悲观思考当中。我当时所设计的住宅，均是些完全同外部环境相隔绝的建筑。我想设计的也都是背离社会，单纯追求艺术唯美的建筑。

那时对我产生深刻影响的是建筑师篠原一男先生的住宅。篠原先生曾断言"只有隔绝于社会的小住宅内部才存在着乌托邦""住宅是艺术品"等，他从事的是抽象性极高的作品设计。

1　槙文彦在杂志《新建筑》的一九七九年十月刊上发表了题为《和平年代的野武士》的论文。该论文针对当时三十到四十岁的年轻建筑师，称他们作品的通性是具有不簇拥权力的倾向，并将这些建筑师比喻为没有主人独自存活的野武士。

我的出世之作是于一九七一年完成的"铝屋[1]"。这个时期正是我脱离从菊竹事务所学到的新陈代谢派理论，在篠原先生影响下的风格转变时期。在设计当中，我试图以自己的方式为二十世纪六十年代画上一个句点。之后在二十世纪七十年代，我又设计了以"中野本町的家[2]"为代表的封闭性很强的白色小型建筑。一九七三年恰逢石油危机，日本国内经济状况急转直下，社会整体内向化所产生的时代气息在建筑方面同样体现了出来。同一时期由安藤忠雄先生设计建造的"住吉长屋"，同样渗透出了这种封闭性的时代气息。

向拥有社会性建筑的转变

我于一九八一年发表的"多米诺[3]"住宅系列，是向社会性建筑风格转变的一个转折点。虽说是系列，但数目并不多，

---

1 铝屋，一九七一年竣工。是伊东的出道之作。该木质建筑由两根支柱与其上的"光筒"为主体构成。建筑外壁使用铝材。铝是伊东经常在建筑中用到的素材，而这一建筑正是其出发点。

2 中野本町的家，一九七六年竣工。由U字形墙壁环绕的马蹄形平面住宅。由于住宅内部是纯白色空间，因此又被称为"White U"。房屋外围墙壁几乎没有窗孔，主要凭借四个天窗以及面向院子的窗孔采光。该住宅的特色是其通过管道状的连续空间营造出的地下室氛围。该建筑是二十世纪七十年代伊东的代表作，但于一九九七年被解体。

3 多米诺，伊东于一九八一年发表的半定制式的住宅模式。这是一个以"小金井的家"的设计为标准的城市住宅模板，曾通过在杂志上刊登设计模式的介绍来招募客户。于一九八二年竣工的"梅之丘的家"就是以这一模式建造而成的。

中野本町的家　©多木浩二

　　　　　　　建筑，从那一天开始

它们是在我产生了要设计出对社会开放的建筑这一想法之后的一种尝试。在二十世纪七十年代，我设计的都是一些白色封闭式的建筑，它们让我产生了一种空虚之感。我觉得自己明明身为建筑师，却只能站在批判社会的立场上从事设计，这本身就是一种自我矛盾。我想努力从这种批判的状态中摆脱出来。

其实在"多米诺"这一作品的想法诞生之前，其前身是"小金井的家[1]"这一作品。事务所设在大阪的安藤忠雄先生曾对我说："我接到一个在东京设计住宅的工作，可是东京我去不了，不如伊东你接下来？"就这样，他把这份工作介绍给了我。那段时间我几乎接不到任何工作，于是欣然接受。看着建成后钢筋结构的正方形箱状房屋，山修武先生评价道："和柯布西耶的多米诺有几分相似呀。"这一建筑就如此得名。"多米诺"这一提议起初是讨论第一次世界大战后住宅重建模式时由勒·柯布西耶提出的。这是一种在建起由房梁与支柱构成的房屋框架后，使用现成的旧材料搭建而成的简易住宅模式。而我提议的"多米诺"，是在建筑师设计好其钢筋框架之后，在杂志《Croissant》上招募客户，再根据客户本人的要求设计房屋布局的一种半定制式的住宅模式。当时影视作家萩原朔美女士在看到报道后，作为唯一一位应征者报名，她希望能够以此

1　小金井的家，一九七九年竣工。是一座钢筋构造的简约型箱式建筑。

模式为自己设计房屋。当时还是我事务所员工的妹岛女士接下了这份工作。现在回想起来，那个时期自己虽然未能盈利却享受其中。

泡沫时期在东京构思的"形象式建筑"

二十世纪七十年代的日本社会处在一种闭塞的环境当中，而到了八十年代，在泡沫经济的影响下，整个社会充满了活力。八十年代后期，是东京这一都市最闪耀的时期。当时我手头的工作也多了起来，但究其原因，似乎并非是我作为建筑师得到了社会的认可，而仅仅是因为社会景气好，工作便随之而来罢了。不过，八十年代的东京真是个有趣的地方，对于经历了黑色七十年代的人们而言，犹如生活在梦境中一般。而对同样走过七十年代的自己而言，都市这一概念本身就意味着东京，在那里我寻求着建筑形象的源泉。

到了二十世纪八十年代，消费型社会极度发展，夜晚走在繁华的街道上，就如同做梦一般，感受不到真实性。于是我开始思考，应当如何将这种虚无感在现实存在的建筑上加以体现。产生这一想法之后，我开始着眼于完全轻薄透明的设计上。当时的我很喜欢使用"形象式建筑"这一说法。"形象式建筑"，是针对作为物体存在的真实建筑而言的。我想在现实社会中建造的，是一种没有沉重感、实体感，悬浮在想象之中的建筑。最终，这些尝试都同八十年代后期东京的形象所重叠。当时的我，一方面在探寻如何让建筑散发社会气息，另一方面却对在消费型社会的影响下丧失了真实性的都市产生了兴趣。

在这两种想法交织之下，诞生了"Silver Hut[1]""横滨风之塔[2]""东京游牧少女的蒙古包[3]""马达泽的家[4]"等一系列作品。特别是"东京游牧少女的蒙古包"曾在西武百货涩谷店前布展，而那个设计实则略带揶揄当时享受着游牧于东京生活的单身女性。我认为，这项建筑设计体现了我自身在享受东京生活的同时，也在用批判的眼光审视它。

此外，在二十世纪八十年代，建筑如同时尚一般是一种消

1　Silver Hut，一九八四年竣工。它曾是位于东京都中野区的伊东的住宅。由水泥支柱支撑的大小穹窿体屋顶覆盖了整片建筑用地，在其下安设有生活空间。设计体现出了建筑强烈的临时性与实用性，是伊东八十年代代表建筑之一。如今原本的建筑虽已解体，但在今治市伊东丰雄建筑博物馆得以复原重现。

2　横滨风之塔，一九八六年竣工。该塔位于横滨车站西口转盘中央。设计是在原有的发挥高架水槽与换气塔作用的塔身全身安装反射镜，并将其周围用穿孔金属板圆筒包裹。由于穿孔金属板是半透明质地，因此一到夜间，塔内灯光照射会使建筑整体感觉发生巨大变化。

3　东京游牧少女的蒙古包，发表于一九八五年。它是八十年代中期泡沫经济时期时，在由东京百货商店策划的展览中，为在高度消费社会中独立生存的女性而设计的生活空间。伊东的设计理念是，对于在东京这一都市中如游牧民一般居无定所的她们而言，并不需要固定的家，而如同将衣服扩大的蒙古包更加适合她们。因此也就出现了在帐篷一样的空间中放置最简易功能的家具这样的提案。

4　马达泽的家，一九八六年竣工。充分注入水泥的箱式建筑，其上搭建轻巧的穹窿体屋顶，风格简约。建筑正面使用半透明的穿孔金属板以及其本身开放的空间设计，都是为了实现如同衣服包裹身体一般的轻巧建筑而做出的尝试。

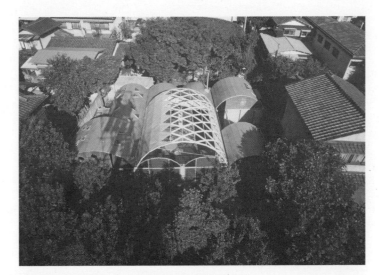

Silver Hut　© 古馆克明

马込泽的家　© 古馆克明

建筑，从那一天开始

横滨风之塔 © 古馆克明

费品。有很多建筑师对于这一倾向持批判态度，而我认为仅仅批判是没有任何意义的。在这种情况下，我大胆断言"不先沉浸在消费的海洋中，就不会有新建筑的诞生"。我认为能够有效地尝试对建筑自律性与艺术性的追求已止步于二十世纪七十年代。要想探寻建筑的新概念，决不应该是感叹消费型都市社会所缺乏的真实性，而应努力从那里去寻找新的真实性。并且那一真实性绝非隐藏在消费之中，而是在突破消费这一表象的不远的前方。于是我开始尝试，用建筑来展现消费生活。我认为，当出现一种新的社会状况时，建筑师应当做的，并非是站在至高处对其加以批判，而应当投身其中以尝试寻求突破口。直到如今，我依然坚持这种想法与做法。

公共建筑处女作

就这样，在二十世纪八十年代，我以"形象式建筑"这一概念为核心从事建筑设计，而在着手设计于一九九一年完成的"八代市立博物馆·未来之森[1]"时，我感觉自己碰壁了。之前提到过的"熊本艺术城镇"项目始于一九八八年，当时的第

1 　八代市立博物馆·未来之森，一九九一年开馆。博物馆位于熊本县八代市。该馆主要用来介绍八代当地的文化历史，以及展示八代旧城主松井家族的工艺美术展品。该建筑充分展现了八十年代伊东所追求的使用连续型穹窿体屋顶的建筑风格。
网址：http://www.city.yatsushiro.kumamoto.jp/museum/index.jsp

八代市立博物馆·未来之森

一任项目负责人指派我作为"八代市立博物馆"项目的设计者。这是我首次从事公共建筑的设计。

　　当时，我还没有深入思考过"公共性"与"社会"等概念。因此我依旧想建造一种轻巧游离式的、抑或透明而充满美感的建筑，将其作为住宅和商业性建筑的延续，于是仿造以轻巧的屋顶为特色的住宅"Silver Hut"来建造"八代市立博物馆"。然而建筑完成之后我发现，虽然建筑达到了当初预想的轻巧与美观的效果，然而公共建筑之所以能够作为公共场所是因其能够将人们聚集之地丰富化，而这一建筑却未能很好地诠释这一点。

　　市政府虽然对建筑师将屋顶如何进行设计，并未有任何限制，但是对于项目本身（建筑物的利用方式）却不容许建筑师过多插手。原本于建筑师而言，理应就展品及其展示方式进行诸多思考，来让欣赏者享受其中。但是因为这是我首次从事公共建筑的设计，在建筑建成之后，我们对于未能深入探讨这一问题深感悔恨。博物馆内的陈设是拜托我的老友，家居设计师大桥晃朗先生设计的。其中的展示柜也是出自于大桥先生之手，非常美观。然而遗憾的是，大桥先生在设计过程中被查出患有癌症，八代的设计也成为他的遗作。

欲打破公共建筑拥有的权威性

现在我所面对的问题是，无论将建筑包装得如何精美，同设计项目相关的实质内容却不会发生任何改变。这亦即日本公共建筑所存在的管理主义方面的问题。而且这一问题并不仅限于日本的公共建筑当中，如果进一步将其延伸会发现，这同建筑本身所拥有的权威性以及公共建筑所承担的维持固有秩序的职责也不无关系。这一点我单从设计八代博物馆这一经历就已经深有体会。我认识到这一官僚主义的墙壁非常厚重，并且这才是我真正应当去斗争的对象。这一发现过程是我未曾体验过的。

事实上，这个问题同"应当如何思考建筑"这一本质问题也是相关的。我们通常会说，建筑是某种秩序的体现。建筑之所以为建筑，原本就是人类存在于自然之中的一种象征。它与动物的巢穴不同，人们通过尝试运用几何学体现秩序的美感来使这一象征成立。因此，作为一种秩序的体现，在某种意义上成为了建筑成立的必需条件。然而真正的问题是如何理解秩序这一概念。到现在为止，将源于欧几里得几何学[1]的秩序作为古典秩序美化，并相信那是建筑荣耀所在的这一历史观依然存在。这导致时至今日，公共建筑虽并不具备多么令人称赞的秩序美感，其权威性却被完整地保留了下来。我开始思考如何打破这一现状。但这并非是去破坏秩序本身，而是想通过建筑去创造符合这个时代的新秩序。

书本可以躺着阅读，也可以边吃东西边读。我非常赞同美国设计师鲁道夫斯基"让我们躺下吃东西吧"的提议。我一直在思考如何尽量突破枯燥的形态去创造建筑，因此同自治体意见相悖也是情理之中的事。因为他们以管理层面上出于安全性与建筑性能的考虑等大道理为借口，使建筑丧失了其趣味性与自由。而我相信，仅需稍作改变，日本的公共建筑也一定能让人们享受其中。

仙台媒体中心

对仙台媒体中心的建造，是设计比赛阶段的一个延续。我

1　欧几里得几何学，几何学体系之一。以平面几何中的图形性质为研究对象的几何学。与之相对的，以曲面与三维空间中图形性质为研究对象的几何学，被称为非欧几里得几何学。

想尽量减少其所包含的元素，展现出抽象的光线之美。设计之初，我的想法是仅使用轻薄的地板和支撑它的管道。管道摆动般地弯曲，粗细也随之发生变化。同突出水平性的地板对比，宛如摇曳般的管道将更为显眼。这些管道如同支柱支撑着建筑物，而建筑整体用透明玻璃覆盖。如此，我最初描绘出的设计图便呈现出宛如摇曳于玻璃水槽中海藻（管道）一般的形象。我在思考这一建筑之时，脑海中浮现的往往是人们在森林或树丛中活动的形象。人们会在自然当中自由选择活动场所。有坐在树荫下乘凉的情侣，抑或围坐在一起的人群。我想将不同的场景在建筑中加以体现。

我还想把这一想法立体化的模型带到设计比赛上。在日本的建筑设计比赛中，这种提案当属异类。针对前卫的设计也总会有各种反驳意见。同样，在进行仙台媒体中心设计的第一年间，也出现了很多激烈反对的声音，因此对于建成之后使用者会作何反响，我也曾感到不安。然而在开馆首日，看到人们在入馆后非常享受地漫步其中，我一颗悬着的心沉静了下来，这是我第一次切身体会到自己通过建筑参与到了社会之中。同时，我看到即便是在日本，我也可以放心大胆地去依照自己的理念提出设计方案。

此外，仙台媒体中心也成为我在建筑表现方面的一个转型成果。设计当初，我将设计图传真给担当建筑工程师的佐佐木睦朗先生后，收到了一封洋溢着异常兴奋之感的传真回复。在那之后大约一周的时间，我又收到了来自他关于基本结构的建造方针。说实话，佐佐木先生推荐的管道比我想象中的网状结构要粗，因此对于建筑效果我也曾有过担心。但当实地看到那些管道被树立起来时，那种未曾想象到的强有力感令我震惊不已。那一瞬间，我曾经一直在构思着的那种感受不到重量的、纤细抽象的结构消失了，取而代之的是一种新建筑的形象。就这样，仙台媒体中心为我在八十年代一直追寻的轻薄透明这一主题画上了句点，也成为我向着新阶段迈进的一个出发点。

存在于空间感觉中最底层之物

我的建筑就这样随着时代发生着变化。然而回首时发现，我自己的身体感觉却未曾发生过太大的变化。也许身体感觉本身就是一种很难发生改变的东西。从我的设计当中你会发现，其中多有被弯曲墙壁所包围的空间。无论是设计初期的"中野本町的家""笠间的家[1]"抑或是九十年代设计的"下诹访町立诹访湖博物馆·赤彦纪念馆[2]"，均是如此。那样的空间构造，

1　笠间的家，一九八一年竣工。该建筑同时作为陶艺师的住宅、工作室和艺廊使用。建筑由沿等高线缓慢弯曲的二层侧楼与从侧楼处呈直线延伸的细长人字形屋顶两个主体构成。如今该建筑已被赠予茨城县笠间市，由其保存。

2　下诹访町诹访湖博物馆·赤彦纪念馆，一九九三年开馆。馆内主要介绍诹访湖畔人们的日常生活以及诹访的历史与文化。与其共同落成的赤彦纪念馆则用来展示诹访出身的紫杉派诗人岛木赤彦的草稿与遗作。建在诹访湖畔的建筑均以其流线型的外观为特色。

也许与我度过童年时代的诹访湖地形不无关系、诹访湖位于周山环绕的盆地之中。那里的人们过着邻湖而居、沿湖周游的生活。也许正是那种身后被大山环绕保护的感觉，促使我诞生了设计出由弯曲墙壁包围的空间的构想。另外，我想象到要在那里建造水平性强的低屋，却很难联想到垂直性强的高层建筑。这一点，也许也出自同一原因。

想来，其实很多日本庭院中央都有如同诹访湖一样的水池，房屋故意沿池而建。正如罗兰·巴尔特在《符号帝国》中指出的那样，"日本的空间特征是没有中心，建筑环绕边缘而建"。在边缘之上有茶室、休憩场所、树木等诸多形象点缀。人们将其联系在一起，并构造起可进行不同体验的空间。每一处个体间并没有真实存在的连线，它们是通过人与人间的关系而联系起来的。

这样的空间构造是我在观察波纹时构思出来的。如果把每一丝水波都想象成一个形象的个体，那么存在于它们之间的仅仅是单纯的空白。然而波纹通过扩散互相之间进行干涉，由这种宽松的关系维系起来的空间也就随之产生。

通过波纹的扩散形成的这一空间，还可以用我们平时使用的日语所产生的语言空间来形容。大家可以想一下，日语不也正是通过每个词语所包含的隐藏之意而构成了一种柔和流动的语言空间吗。

仙台媒体中心的设计，可以将其中的每一根管道都理解为一个小的个体，而其周围存在如同磁感线般扩散的力场，它

下诹访町诹访湖博物馆·赤彦纪念馆

们通过互相影响作用，最终形成更加复杂的力场。因此当我们身处这片森林之中时，有时会被管道的磁场吸引到其周围，而有时则会逃离到管道之间的缝隙中。对于我而言，构造起建筑空间，就如同在其中绘制无形却复杂的等压线一般。

让建筑亲近自然

通过上述介绍，相信大家已经明白了我为何说仙台媒体中心是出于我想构筑起如同森林树丛般的自然空间而进行的设计。在设计建筑时我有一个基本理念，那就是当人置身于自然界的空间当中时，会比身处建筑之内更为舒适。因此早在设计仙台媒体中心之前，我就一直在思考如何才能让建筑尽可能接近自然空间给予人的舒适感。我之前以为，需要通过减少墙壁数目，创造出流动的空间以及营造出地面的起伏感，如此便可以接近自然。但在设计出仙台媒体中心之后，我开始觉得，只要能创造出以自然为模版的新型空间规则，就可以让建筑拥有舒适感。如今，许多现代建筑都是通过利用水平的地板，垂直的墙壁以及支柱形成上下左右贯通延续的格子状结构，也就是以网格空间为模型设计的。然而在自然界中，却很少有网格构筑的东西存在。日常我们所看到的草木或是动物都是由曲线或曲面构成，看似无任何规则可言，然而一棵树向四周延伸枝叶实则是为了尽可能多地去接受太阳光进行光合作用。无论榉树还是银杏，各类树木枝叶的延伸方式都不尽相同，然而它们却无不遵循着一个宏观的方向，以各自维持其独有的规则。

直到二十世纪为止，建筑学一直认为遵循欧几里得几何学设计出的圆形或正方形的平面才是美的体现。也就是说，为人们所赞美的，是脱离自然界规律而遵循人工的规则设计出来的建筑。然而到了二十一世纪，我相信会有更多遵循支配着自然界的宽松规则建立起来的建筑出现。为了更好地利用自然再生能源，我们也有必要更加开放地面向自然来寻求设计建筑的方式。因此，建筑必须打破禁锢它的坚硬的几何学外壳，同自然环境相连接。

我们若观察日本古代的木质建筑就会发现，屋顶的造型很有讲究。也就是说，屋顶的形状往往决定着整个建筑的特征。

并且无论是农村的房屋抑或寺庙，那些看起来呈直线的屋顶，实则都是通过巧妙的曲线构成，柔和地融于大自然之中。生活在现代的我们，既然身边有着电脑这一新型工具，我们就应当充分利用它来创造出更加亲近自然的新型几何学建筑。

重新思考内与外的关系

从二十世纪八十年代直至今日，建筑内与外这一问题一直是我所思考的对象。人们通常重视建筑的外形，因此首先会针对建筑外形的好坏抑或用材做出种种评价。建筑，原本同动物的巢穴是一种等同的存在。它之所以被作为"建筑"推崇，是因为人们开始思考如何在自然环境当中，开辟出一处同自然分离的空间。这一遵循欧几里得几何学的规则创造出的空间，由圆形或正方形的平面包围，独立于周围环境。

因此我们可以说，建造建筑即是将内外分离的行为。建筑凭借其独立性与完整性一直保持着辉煌的历史。正因如此，人们自然也会重视建筑的外形，对其好坏做出评价。

但另一方面，建筑的独立性与完结性和权威性相统一，因此使得人们不得不遵循其中的规则。于是我开始思考，如何才能设计出能够让人自由舒适地待在其中的建筑。为此，我考虑到尽量减弱建筑本身分隔内外的界限。但建筑的定义就是将内外分离，因此弱化内外界限的行为与建筑的定义存在着根本性的矛盾。但我就是想在认识到这一矛盾的前提下，挑战解决这一矛盾。这是我从事建筑事业的原动力所在。

为了弱化建筑内外的界限，我瞩目于建筑正面（外观），尽量尝试将其透明化。然而我发现，使用玻璃虽然可以增强建筑的透明度，然而建成后的玻璃墙壁却比石材或混凝土更能凸显其作为屏障的存在感。于是在设计出仙台媒体中心之后，我的想法开始发生改变。我的思想到达了一个新的层面。我开始思考，也许可以在墙壁上开凿洞穴来创造内外质地等同的空间。

例如经我手设计的"TOD'S 表参道大厦[1]"，就是将混凝土结构的墙壁模仿树木枝干设计，并在之中镶嵌玻璃而成。如此一来，人们身处建筑之中，就仿佛是从树上眺望周围风景一般，这样就达到了将内部空间转换为外部空间的效果。这一建筑位于原宿表参道上，呈树状的建筑与对面的一排榉树交相辉映。

另外一处代表性的方案是"根特市文化会场[2]"。虽然建筑最终未能成型，但其洞穴式构造体系的设计理念运用到了之后"台中大都会歌剧院"的建造中，将错综复杂的洞穴式空间向

1　TOD'S表参道大厦，二〇〇四年竣工。是位于东京·表参道的意大利高级品牌TOD'S的店铺。建筑外壁由钢筋混凝土与玻璃制成，呈树状的设计感与其对面的一排榉树交相辉映。

2　根特市文化会场，二〇〇四年设计于比利时古都根特市的以音乐厅为主体建筑的文化设施。伊东的建筑设计比赛方案并非是寻常的音乐厅设计，而是将建筑融入立体扩展的街道网中的崭新设计。其最大特征就是通过类似洞穴般的不定型空间的延续将建筑内外一体化，而并非寻常的由垂直墙壁与水平地板构成的普通格状内部空间。虽然这一比赛方案最终未被采纳，但在其后的"台中大都会歌剧院"设计中得以沿用。

水平与垂直两方向延伸，呈现出立体街道的感觉。"台中大都会歌剧院[1]"采用的就是同"根特市文化会场"相同的洞穴式构造体系。

这两个方案的构造体系均采用两组连接的管道构成。即管道连接着前后左右以及上方的墙壁。这同人体的构造相类似。例如口鼻连接着咽喉及食道，再通过胃部与肛门相连。

我们可以说，在建筑或是人体的这些管道中，我们无法判断究竟是内部还是外部，因为似乎都是又似乎都不是。分子生物学家福冈伸一先生曾在他的著作中写道，在生物学界，"胃的内部是'身体的外部'"[2]。也就是说，食物在消化器官中消化，形成低分子化的营养素，当它们通过消化管道渗透到人体的血液当中时，才算真正意义上进入"内部"为人体所吸收。

我之所以尝试挑战"根特市文化会场"和"台中大都会歌剧院"所运用的复杂管道状结构设计建筑，就是为了能够建造出内部中的外部环境抑或外部中的内部空间。我想让人们从道路或者广场进入到建筑中时，依然能够感受到那里是道路或空间的延伸。我相信如此一来，即使进入其中，人们依旧可以如

1　台中大都会歌剧院，建设于台湾台中市的歌剧院。内部除有可容纳二千人的大音乐厅之外，还包括中小音乐厅各一个、以及彩排室和餐厅。该音乐厅的设计，是沿用伊东在"根特市文化会场"比赛方案中提出的曲面空间系统基础上的进一步升级，体现出了网状的内部空间。

2　节选自福冈伸一著作《动的平衡——生命为何栖宿在那里》，由日本木乐舍出版。——译者注。

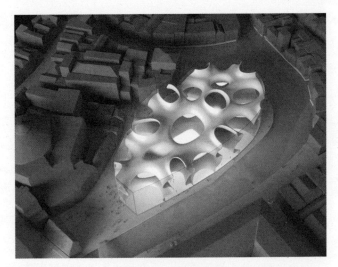

根特市文化会场（模型）

台中大都会歌剧院（电脑效果图）

身处大自然一般轻松自由。

在台中大都会歌剧院的工程现场，逐步建造着作为管道隔断的混凝土墙壁。每当我漫步其中，都会因想象到洞穴般的空间完全建成后的模样而兴奋不已。

打破建筑的模式性

我认为，通过使用网格理念之外的几何学，以及将内外关系模糊化的方式，都可以在某种程度上打破建筑所具有的权威性的规则，以及墨守成规的模式性。然而要想让那种模式性完全消失却并非易事。因为听歌剧或者音乐会这种行为本身就维持着欧洲的古典模式。例如"松本市民艺术馆[1]"是以上演歌剧为前提，因此为遵循古典剧场的形式，其大厅被设计为马蹄形。而其音乐厅同样出于音质以及维持演奏者与听众间的关系的原因而遵循了既存的建筑形态。虽然我自身非常想建造出无论是室内音乐厅或是野外会场，观众们都可以躺在其中轻松自由享受音乐的空间，但事实上这一想法很难实现。

从这个角度而言，图书馆的设计的确会比音乐厅更为自由。因为以怎样的姿势阅读取决于读者本身。"多摩美术馆大

---

1 松本市民艺术馆，一家兼具音乐厅及剧场功能的艺术馆。于二〇〇四年开馆。馆中除有马蹄形的音乐大厅之外，还有小音乐厅以及实验剧场。建筑外壁使用镶嵌有手工玻璃的预制混凝土加固。网址：http://www.mpac.jp/

学图书馆[1]"于二〇〇七年竣工,在那里读者可以自由选择诸多不同的场所进行阅读或观看 DVD。然而建成后的建筑,绝大部分仍由混凝土与玻璃构成,虽然整体形成了一个美观的空间,却终究太过封闭。在设计过程中,建筑无意间就会朝向剔除多余元素,提高其抽象度的表现方向发展。我想这是由于我的事务所依旧处于现代主义设计理念当中的原因。

1　多摩美术大学图书馆,位于多摩美术大学八王子校区的图书馆。建筑由地上两层和地下一层构成。一楼的一半是通畅的拱廊。建筑内部是多个拱门的连续,人们置身其中就仿佛行走在树丛中一般。该建筑玻璃与混凝土墙壁一体化的外观,同样给人以深刻印象。网址: http://library.tamabi.ac.jp/hachioji/

松本市民艺术馆

多摩美术大学图书馆（八王子校区）外观 © 石黑写真研究所

多摩美术大学图书馆（八王子校区）内观　提供：多摩美术大学 / 拍摄：伊奈英次

　建筑，从那一天开始

第六章

对于今后建筑的思考

日本社会中的建筑师

被社会型项目敬而远之的建筑师

突破批判性的难度

改变建筑师与社会间的关系需要什么？

对日本客户的期望

通过住宅建筑崭露头角的日本青年建筑师

从世界资本主义中寻求希望的孤岛

资本主义与建筑

作为馈赠之物的建筑

非艺术型建筑的存在方式

建筑应当如何同自然相处？

建筑同科学技术的新关系

朝向新型建筑原理出发

日本社会中的建筑师

存在于日本社会中的建筑师，不同于美国，亦不同于欧洲。从诸多意义上讲，美国的建筑界在构筑属于美国的孤岛，而日本亦然。究其原因是无论美国抑或日本，建筑师都未能很好地融入社会之中。

就美国而言，它是一个超过日本的全球化经济大国，这就决定着建筑师只有融入社会当中，他们的工作才能够成立。而在美国，对于建筑采取的是与艺术作品相同的评价方式。这种方式并非是对建筑所拥有的社会性进行评价，而是从建筑师在其作品上的个性展现探寻价值，并置换为相应的金钱。正因如此，在美国，像弗兰克·盖里那样能够设计出极具个性，如艺术作品般的建筑的建筑师会受到高度评价。美国会从全世界邀请著名设计师，并将建筑托付于他们进行设计。如此一来，也就相应地提高了建筑的价值，而建筑师也会因此拥有一定的地位。这一切都是美国的社会体系所致。

而与之相对，在欧洲，建筑师的工作会更多地集中在公共设施的设计之上。建筑师们通过在公共建筑设计比赛中相互比拼的方式为社会建造建筑这一传统，依旧延续着。从这一层面上讲，近代以来，建筑师同社会一直保持着一种彼此信赖的关系。然而近年来，欧洲也开始大幅度向美国的模式转变。

就日本而言，从二战后到二十世纪六十年代为止属于欧洲模式，即建筑师思考设计的是供市民利用的公共建筑。例如，在濑户内海的周边城市中，有很多经丹下健三和前川国男之手设计建造的公共建筑。市民活动厅、市民会馆与市政府相隔广场而建，仿佛是在高调展现战后社会的民主。当时，市民社会这一理念得到了整个社会的一致认同，因此建筑师也在其中拥有着自己的一席之地。然而到了二十世纪七十年代之后，建筑师们却失去了社会曾经对他们的期待。日本从六十年代后期开始急速向资本主义社会迈进，经济也随之快速发展。就在那个时期，曾经一度提倡市民社会建筑的丹下健三先生与新陈代谢派等前卫的建筑师们，开始难以继续维持同国家与公众的良好关系。建筑师们在六十年代曾描绘的未来城市之梦，从七十年代开始急速变得虚幻起来。我曾在前文中提到，我们这一代建筑师对这一现象是极力批判的。正因为是在这样一个社会大背景下开始了建筑设计，因此，我们开始批判起失去梦想的保守型社会，成为了通过与社会唱反调来寻求自身价值的一代。这样的行为，导致我们亲手葬送了自己在社会中的立足之地。

当然，上述问题并非是导致日本的建筑师无法与社会良好相处的唯一原因。这一问题的产生，同日本社会中存在拥有设计部的承包商，以及大型设计事务所也有一定的关系。这类组织同样也存在于欧洲，但在那里，它们被称作"顾问"，是以工程设计为主来辅助建筑师的企业。而在日本，它们却是拥有一两千员工的工作室性质的设计事务所。它们忠实地履行自治体提出的要求，不会像个人设计工作室那样尝试一些有风险的创新，因此可保设计万无一失。如此相比之下，它们确实更能博得自治体的倾心。

出于上述原因，在设计工作室里以个人名义进行设计的建筑师，很难为社会所接纳和喜爱，而且这一可悲的局面依然在持续着。

被社会型项目敬而远之的建筑师

由于个人工作室派的建筑师们不会受邀从事公共项目的设计，理所当然，他们的挫败感也就不断地累积了下来。而这些积累的能量又将倾注于小型住宅的设计当中。他们提出崭新的提案，将自己对社会的批判用唯美的形式展现了出来。而这一建筑又会因其设计之新颖，在海外博得好评。同时在施工方面，由于日本的承包商拥有高端的建造技术，因此无论多么美观抽象的建筑，都可以在他们的手中得以实现。如此一来，被完美地实体化的建筑便受到了国际社会更高的推崇。想来这实在是一个不可思议的现象。

其实我自己同样面临着这样的情况，我经常接到来自海外的诸多邀请，然而在日本国内却很难融入社会当中。包括在这次地震灾害发生之后，日本的建筑师们之所以未被邀请参与到灾后重建的项目之中，也正同这样的社会背景有关。即使是在如此特殊的情形之下，自治体依旧不会向建筑师征求关于灾后复兴的建议。

当然，在日本依旧存在建筑师通过参加建筑设计竞赛而加入公共建筑设计的情况。经我之手设计建造的仙台媒体中心就是如此。然而它并非在设计伊始就得到了自治体和市民们的认同。实际上，虽然我的设计在比赛中得到了评委方的认可，但在正式开始设计之后，依旧因为太过前卫的理念而面对着强烈的反对之声。直到当它以建筑的形态展现于市民面前时，才终于得到了他们的认可。正因为建筑师身处如此困难的境地，很多人更愿意置身事外，采取对那些平庸却无可非议的建筑进行批判的态度。其结果则导致建筑师一步步进入自我封闭的状态。

突破批判性的难度

我意识到，针对建筑的批判性，是二十世纪初期近代主义形成过程中应运而生的本质性的批判。当时，由于迄今为止欧洲的建筑都是石材搭建，昏暗而不卫生，勒·柯布西耶等主张新型建筑的人，提出了建造更加明亮开放的建筑这一社会改革方案。也就是说，现代主义建筑同社会改造运动曾是一体的。它原本是充满希望、值得称赞的建筑理念。然而遗憾的是，如今只有当初的批判性被传承了下来。

因此要想突破这一批判性，具有相当大的难度。也许也同我的年龄有关，对于现在的我而言，勒·柯布西耶就是我的偶像。他在年轻的时候，曾以其旺盛的批判精神同社会做斗争。

然而在他的后半生，从他所设计的朗香圣母教堂[1]就可以看出，他已经置身于超越批判性的领域设计着丰盈的建筑。他在南法的兰卡马尔坦亲手设计了一所质朴的小屋[2]作为办公室，在离世时魂归地中海，就如同将自己归还于自然一般。他从自然而来，一生中设计了诸多充盈着近代革新性的作品，最终又回归自然，这就是他充满传奇色彩的一生。那么，同他相比，为何有太多建筑师在晚年的作品会显得贫乏？我认为那是因为他们在晚年时期，往往会陷于虚空的权威主义之中。我自身则如同柯布西耶一样，也想随着年龄的增长能够尝试设计出更加贴近自然、更加丰盈的建筑。我想将自己的批判精神置换为建筑的充盈之感，这一想法非常强烈。

改变建筑师与社会间的关系需要什么？

要想终结日本社会与建筑师之间这种不幸的关系，首先，作为建筑师的一方需要去转变他们的思想。然而单单这样是不够的。任何一个公共项目，都是一边参考居民们的意见，

1　朗香圣母教堂，位于法国东部朗香的多米尼克派教堂。正式名称为杜浩特教堂。勒·柯布西耶后期的代表作之一。建筑以其如同贝壳状向上翻转的屋顶与支撑它的厚重外墙形成的奇特外形而著名。一九五五年竣工。

2　兰卡马尔坦的小屋，一九五二年竣工。这是勒·柯布西耶晚年时期，在南法的兰卡马尔坦为自己搭建起的一座简朴的休闲小屋。它是利用极小空间并将房屋功能控制到最低程度的一次尝试。

一边进行设计。这似乎已成为理所当然的事情。然而通过这样的过程，是否最终真的可以使得建筑丰盈起来？对此我持保留意见。

当然，如果居民能够与建筑师组成团队齐心协力去设计的话，我相信其成果一定值得称道。然而在如今的日本社会，批判这一过程已不再发挥其促进生产的能力，而单纯变得为批判而批判。这并不仅仅存在于公共建筑的建造当中。如今的日本，无论何事总会出现互相牵制的倾向。政治是如此，而新闻节目同样也只停留在评论的层面之上，它们共同导致日本社会的止步不前。

对日本客户的期望

我感觉日本客户中的许多人对建筑本身并不关心。大多数的自治体是如此，企业方亦是如此。我曾参与过巴黎的康亚杰医院[1]的建筑设计。虽然那是一所私立医院，但在建筑设计比赛中却有五个团队一同参加。其他团队的成员中，有让·努维尔、多米尼克·佩罗等法国著名设计师。而我也有幸受邀参与其中。原因是医院的所有者看到了杂志上刊登的我所设计的熊本县八代市低成本养老院之后，对我的设计产生了兴趣。这种情况，

1　康亚杰医院，二〇〇六年竣工。位于巴黎第十五区以提供晚期宁养医疗服务以及自闭症儿童疗养服务为主的医院。建筑外表是全玻璃幕墙，与周围的住宅区街道相映衬。

巴黎康亚杰医院　©小野祐次

换作日本是不可能出现的。

在我提交了竞选方案之后，一直没有收到任何回复。当我几乎感觉没戏的时候，却接到了医院所有者亲自打来的电话，他对我说："恭喜你入选！"

当初第一次参加在巴黎举办的会议时，医院所有者提出，希望将面朝街道的建筑正面精心设计一番，于是我带着两套设计方案去参与会议。然而却被那位医院所有者反问道："你为何带着两套方案而来？我想看到的是你最倾心的方案。"当时我的想法是，如果单单拿出一套方案会很失礼，却未曾想到会是这样的状况。于是无奈之下无功而返，一个月之后又带着精简后的一套方案回到那里。

而这一次，所有者又十分详细地询问我们采用方案中玻璃分割方式的优势。我们原本以为因为医院位于巴黎的住宅区，他们对我们将建筑正面采用全玻璃的设计存在异议才这样提问，实则并非如此。但他们依旧对玻璃的分割比例非常仔细地进行了询问。仅仅用"这样的比例会很美观"的回答，是无法让他们信服的。

就这样，在六个月的频繁往复之后，所有者方终于对我们的方案露出了赞同的笑颜。他们之所以如此做，并非故作刁难，而是只有当自己完全被说服之后才会给设计者亮起绿灯。正因如此，在随后面向附近居民召开的说明会上，当有居民对这一建筑正面的设计方案提出强烈异议之时，他们会自信满满地拥护我们的方案，对居民们说"再没有比这更好的设计"。

作为题外话还有一点我想说的是，在巴黎，即便建筑符合建设的基准法规，依旧很难拿到建筑许可。还要从历史文化等方面在报纸上分为赞成反对两派进行讨论，待谈到时机成熟之际，方案才能得以通过。通过这一次的设计，让我感受到了在巴黎市内建造建筑的不易。

通过住宅建筑崭露头角的日本青年建筑师

日本的建筑师为何很难融入社会当中？我认为这是因为

建筑并非像电影、音乐那般具有大众性。比方说，当我在威尼斯建筑双年展上拿到金狮奖之后，报纸上对待电影与建筑获奖的方式大相径庭。然而我依旧认为，是因为在建筑师身上同样存在问题才最终导致被社会所孤立。问题之一，就是日本的建筑师在年轻之时，都是通过设计个人住宅出道的。个人住宅的设计由于是通过与个人客户间进行商定，因此设计的成品通常是特殊的个例。邀请年轻设计师设计房屋的人，很多都是因为并不中意地产商的设计。他们想在极其有限的空间内，明知困难但依旧想要充分发挥空间优势。依据此要求设计出来的建筑，必然会成为个例。而身为建筑师一方，由于年轻气盛才华却往往无处施展，因此当接到一份工作后，便使出浑身解数，将难度很高的设计概念付诸实践，以此为契机开拓自己的事业。另一方面，由于日本有技术精湛的建筑施工团队，因此无论难度多高的设计个例，都可以被唯美地还原。不谙世事的建筑师就此立足于社会之中，问题也就随之而来。

在欧洲，很少有青年设计师能够通过个人住宅的设计而出道。但他们却可以以个人身份去参加一些公共设施的建筑设计竞赛。例如在法国，所有的公共建筑的设计权，都是通过比赛来决定的。因此即便是年轻人也可以在一些小的项目中参与角逐，并且可以通过参加这些比赛获得报酬来维持生计。如此，经过几番挑战，终于机会降临，他们的建筑处女作也就得以实现。虽然在欧洲出道的机会同日本相比甚少，但这也就意味着他们在正式出道之前需要更加刻苦地自我磨炼，以提升提出社会型方案的能力。而日本的建筑师们并未经历过这一步。

从世界资本主义中寻求希望的孤岛

出于包括上述的一些原因，我对欧洲型社会曾抱有很高的期待。然而，这一社会形态却在几年间在很大程度上不断变质。这也许是因为，即便是这些欧洲国家，也在不断地被全球经济所吞噬。因此，如今的欧洲建筑设计竞赛，在性质上发生了不小的变化。符号性的表现主义建筑被大为推崇，而主张自由的新型社会型设计方案却很难被采纳。我曾对沉浸在全球经济大洋中的这处孤岛上所残存的社会性抱有希望而参与了比赛。然而我发现事实上，已经几乎不存在能够供我们实现社会型方案的自由空间了。

然而，我并非在断言这样的空间已完全消失，这需要通过参加比赛来验证。当然会有值得庆幸之时，但发出"果不其然"的失望感叹的情形也很多。总之，我们需要在看透的前提下不断尝试。

但无论如何，建筑基本上同经济是无法分割的。因此它们之间存在着一种微妙的关系。如果我们只是一味地批判建筑之经济倾向的一边倒，那么建筑师也就不会有施展的空间。我们需要在对各种情形做出慎重判断，在听取客户的意向之后，再对参加与否做出决定。像雷姆·库哈斯这样的建筑师，他就是在充分意识到接近巨大资本所伴有的风险的同时，保持自己的一贯作风，毅然决然地不断进行新的尝试与挑战。可惜我并不具备这样的能力，因此更愿意参与一些对建筑所能发挥的社会性抱有期待的设计比赛。

资本主义与建筑

在现代社会，用于建筑建造的资金过于巨大，可以说已经超过了建筑师一人所能操控的范围。因此当我们看到那些超高层的写字楼又或是高层集体住宅楼时，会发现它们都是些在巨大的均一空间外层用表象性的华丽外衣所覆盖的建筑。那并非是在追求人类可以快意工作、舒适生活的空间。一味地追求合理性和经济效率，结果是导致所有的建筑都如出一辙。然而，由于这样建造出来的建筑无法在遵循社会经济竞争原理的世界中残存，这时就需要邀请建筑师出场，通过对其外形包装来吸引人们的目光。

如今的资本社会正在建立起技术万能的近代主义都市，而建筑师们也在逐渐沦为将经济资本可视化的工具。比方说，中东的迪拜集中了大量石油货币，而在那里也同时聚集了诸多世界级著名建筑师。他们还会因自己在那里提出超高层写字楼与住宅楼的设计方案而互相炫耀。这是一种极度空虚的表现，也让同样身为建筑师的我感到不堪。由于建筑立足于资本论之上，也就需要不断设计出新的东西。因为人们相信，只有以新代旧才能不被市场经济的浪潮所淘汰。

也就是说，建筑师所承担的是将无形的资本可视化的任务，他们用灵敏的嗅觉不断追寻资本聚集之处并乐此不疲。这就是现代建筑师的形象。

作为馈赠之物的建筑

那么与之相反的建筑师，又应当以何种方式存在呢？宗教学者中泽新一先生就认为，社会与资本主义，应当是一种对立的关系。资本主义，"是将市场原理在社会中全面拓展的体系。促使社会成立的原理与运作市场的原理之间存在着本质性的差异。我们甚至可以说，在市场原理之中，隐藏着将维系人际关系的社会解体的力量。"（中泽新一《日本的大转变》）

中泽先生认为，无论在任何地方，社会都是通过人与人之间心灵的维系建立起来的。人类本身并非孤立的个体，他们期许着人与人之间心灵羁绊的加深。因此，在集体之间发生物物交换的同时，一定也伴随着超越其上的赠予行为。也就是说，传统的赠予这一体系，构筑起了人与人之间的关系。而另一方面，在资本主义的世界中存在一种倾向，那就是将人们心灵的羁绊解除，使人成为独立的个体。因为只有这样，才能提高经济效率，通过个体劳动力创造更多商品。

我很赞同人与人之间心灵的羁绊是以赠予作为基础的想法。我认为，建筑师的设计行为，本身就同赠予这一行为相类似。当然，我们会因设计而得到相应的报酬，但对于很多有心于建筑的设计师而言，他们并未将建筑设计定义为获取利益的途径。他们所想的是努力将花销控制在预算经费之内的同时，为建筑奉献出自己所有的思想与感情。然而随着作为近代个体表现者的建筑师势力不断增强，形势开始朝向奇怪的方向发展。我认为，是时候该重新审视一下，我们是否可以超越个体这一问题了。

二十世纪的艺术，将个体的独创性与作品的抽象性，视为最重要的价值。人们重视这两点并以它们作为评价标准，从脱离自然的立场对事物进行思考。而我则认为，应当从根本上彻底重新审视这两个基准。

非艺术型建筑的存在方式

建筑本身并非是一种同艺术品一般，可以将个人表现贯穿始终的东西。中泽新一先生认为，在人类仍然居住在洞穴之中时，作为宗教仪式被描绘在洞穴墙壁之上的壁画成为人类艺术历史的起源。在我看来，建筑的起源应当也与之相类似。某个时期，人类从洞穴中走出来，或者从树上爬下来，开始用身边的材料建造建筑。我们可以将其作为建筑的起源。然而由于这样的建造同动物建造巢穴并无区别，因此我感觉人类建筑的建造，应当是一种集体性的仪式，是证明其作为人类的一种身份的体现。也就是说，我认为建筑最初的形态，应当是人们共同建造一物将其作为集体的东西所推崇，并且共享创造之喜悦的形式，它是一种共同性的体现。而其转变成个人行为，应当是在进入近代之后。

　　曾经的日本，当村落中建造起一栋房屋时，人们会互相帮助，共同举行破土动工仪式、庆祝上梁仪式。因此我觉得，无论如今的现代社会如何失去原有的共同性而解体为个体，建筑师也有必要以与艺术家不同的姿态融入社会当中。然而当瞩目于如今的年轻建筑师所创造出的设计就会发现，那些接近于艺术作品、与社会性相脱离的建筑，会更加容易获得高度评价。但我以为，对于建筑师而言，越是身处社会外部谴责社会，并将集聚的那股能量付诸作品设计之中，到头来，自己也会越来越被社会所孤立。甚至他们自身的存在本身也会变得抽象化。我想，恰恰是在现代社会这种集体解体为个体的世界中，认真思考是否能够超越个体这一行为才具有更加重大的意义。

建筑应当如何同自然相处？

　　3.11 东日本大地震，让我们切身体会到了核泄漏事故的可怕之处。但舆论依旧敌不过电力不足的理由，核电厂还是再次开始运转了。我身为建筑师，自然愿意探讨自然能源再生的可能性这一问题。然而我最关心的，其实是如何在一栋新建筑建设之初，就将其能源消耗控制到最低。其实我认为，将能耗控制在预估的半数之内并非无法实现。我们并不应单单止步于探讨维持现状抑或节电的论题上，而更应当着重思考如何通过灵活运用技术手段，在维持现在生活状态的基础上实现节能。我认为，若以此作为出发点，脱离核电的社会是可以实现的。

对于今后的时代而言，灵活运用新技术创造价值是势在必行的，然而在很大程度上，人们仍然是在近代主义思想的延长线上对技术进行思考，这一点本身即存在着问题。

例如，将阳光作为能源加以利用原本是无可厚非的，然而很多建筑却是在加固其作为屏障的墙壁，通过提高其隔热性，试图达到节能效果。但是加固墙壁，会愈发使得人类的居住环境远离周围的自然环境。

我的想法是通过将建筑内部环境与外界环境相连接，最终达到节能的目的。也就是说，将温热环境由内而外逐渐弱化。不要将内外环境用一面墙壁加以阻隔，而是通过多面墙壁阶段性阻隔。

日本曾经的木质房屋就是通过这种方法实现自然与居住环境的柔和阻隔的。当然，以前的木质房屋里，作为隔离层所使用的拉门和隔扇由于隔热性差，建筑整体的隔热性能并不理想。但如果将这一性能加以提升，我们定能生活在更加亲近自然的环境当中。但是还有一个问题不容忽视，那就是像日本这种四季分明的国度，如果将夏日最炎热之时与冬季最寒冷之时的温差作为居住环境温度参考标准设计屏障的

大家的森林·岐阜媒体世界俯瞰图

话，损耗定会很大。因为春秋两季我们希望居住环境的温度能同外部环境相接近，而即使是一天之内，早晚与中午的温度也会发生变化。

我认为，如果将原先的木质房屋的建筑理念加之现代技术将其性能升级，那么我们的生活将会变得更加惬意。同时，这样的想法比起单纯加固墙壁更可能实现整体能源消耗的降低。我曾在前面说过，阻挡海啸并不应当是光靠一道防洪堤，而应当通过多处柔和分界将其进行阻隔。对于建筑个体而言也是同样的道理。我认为，我们应当脱离近代这种明确分界的思想，而寻求如何协调内外关系。

我想在这里举一个具体事例，它就是我正在设计当中的

"大家的森林·岐阜媒体世界"项目。这一建筑同仙台媒体中心相类似，是以图书馆为中心，并结合画廊、工作坊以及演讲厅等的岐阜市复合型公共设施。

设计比赛的最终审查一关是在 3.11 地震前一个月进行的。当时的题目是将该设施的能耗控制在相同规模设施的二分之一以内。我觉得这是一个相当应时的选题。其实我在之前一年，已经开始尝试将空气与光的流动作为设计概念的主体。在经手仙台媒体中心的设计之后，我不仅同优秀的构造工程师联手，致力于将建筑的构造体系置于表现的层面上进行研究，还在设计伊始就同设备环境工程师组队尝试挑战新的设计。

在最近的构造解析中，我发现即便是形状相当复杂的构造，也同样可以通过反复的模拟实验成功进行解析。因此我相信，通过同样的模拟实验，一定也可以以光与空气的流动为主导确定设计的方式。

这样的想法让我们最终确立了"在大屋中设置小屋"这一概念。即在广阔的空间之中，如同套匣一般安置小型的空间。这一想法与之前所述的日本房屋屋内与屋外的关系相类似。也就是说，我们的设计理念并非通过一面墙壁将内外阻隔，而是从内向外逐渐演变。

比方说，图书馆的话，可以将阅览室安置在小屋之中，而陈列书的地方则应当是在大屋之中，以此创造出比较放松的空间。然而实际操作时会发现，如同被放入套匣之中的小屋一般，由于外部有两层东西隔挡，虽然温度舒适，但却远离自然光线，阅览室由此被封闭在了一个昏暗的空间之中。

通过反复试验，我们最终在"岐阜"这一项目中提出的方案，是轻盈地悬挂在天花板上的被称为"灯罩"的半透明球形小屋。而大的空间也经我们反复研究之后，设计成木质的贝壳形波浪状连续构造。这是同奥雅纳日本[1]与设备工程师们联手设计出的成果。这一方案之中还有许多其他革新性的尝试。

这一建筑选址靠近长良川，可以汲取丰富的地下水供使用。将温度稳定的地下水通过热泵进行温度调节后，将冷水或温水输入一二楼层的水泥地板之间，实施辐射供暖或降温。这种方式由于没有像空调似的吹风口，因此非常适合作为读书的环境。随后，经过辐射供暖或降温后的空气将缓慢地在整个馆内循环，并自然地由一楼运行到二楼。夏季时，上升的空气将通过"灯罩"小屋的最上部流到外部环境。屋顶最上部的换气口的开关是可控的。因此冬季来临时将其闭合后，空气会通过小型风扇的吹动，在小屋内部循环。

另外波状屋顶的构造就地取材，使用了岐阜当地所产的杉木。我们将这些普通住宅也可以使用的小型木材朝三个方向呈波浪状铺设，制造出贝壳般的连续体。从这一连续体最上部可以射入自然光，因此各个小屋无论温度抑或光照都非常宜人。

90米×80余米的起伏木质屋顶下，悬挂着十一个小屋，

---

1 国际知名建筑结构设计公司。——译者注。

这无疑是自然与现代技术结合而成的新颖的室内景观。同时，屋顶之上安置有太阳能电热板，如此一来实现节能二分之一的目标也在预料之中。

建筑同科学技术的新关系

观察地震灾害后的舆论动向会发现，如今我们的社会所选择的，是不去弄清导致海啸与核电事故发生的本质原因，而继续依靠一直以来都存在的科学技术向前发展。然而我认为，现今最大的问题其实在于，今后的我们应当如何去思考技术，又当如何灵活地运用技术。

至今为止，我们一直将技术当作机械性的硬件去对待。我们首先会像设计机械一样设定设计条件，然后按照步骤一步步使其成型。然而今后我们在思考技术时，应当选择更加灵活的方式。例如，在做大海啸的模拟实验时，凭借如今的技术，完全可以再现相当复杂的水流动态，我们也就可以参考这一点进行街道的设计。而建筑的设计同样如此。在最初提出影像模拟方案时，建筑结构设计工程师以及设备工程师会针对这一方案通过模拟实验发现问题，并向我们指出不足之处。现实中设计的最佳答案，都是通过这样五六十回的反复模拟才得到的。模拟实验技术的意义就在于，并非在初始阶段就决定好一切，而是将其作为一种灵活的思考手段。

城市设计同样如此。它理应能够通过反复模拟实验协调变化中的状况最终使设计成型。然而，将一道防洪堤增加为三道就可以实现多重防灾这种脑短路思想依旧盛行。其实我认为，如果我们能够更加灵活地思考，一定可以得到更加人性化的答案。

科学技术中理应包含着畅想未来的力量。然而如今的社会，技术仅仅单纯地被作为"技术"来对待。我认为，这个社会需要像巴克明斯特·富勒一样通过技术述说梦想与新世界的思想家出现。

朝向新型建筑原理出发

今后的建筑，不应当只成为建筑师的个人展现。建筑师应当通过设计建筑的过程创造出新的原理，并继续将其付诸实践。因此，将原理与众多人共享是非常重要的。崇尚个人表现的建筑是暂时的，一旦完成也就意味着结束，不可能为后世留下些什么。如果想在一二十年后，依旧被后世称赞，那么就需要突破当前的时代，具备某种可以同社会共享的原理。我个人现在最为重视的就是这一点。我认为，无论自己的建筑以何种形态展现，最终能够拥有立足于社会的一种共性，是非常重要的。如今我正处于寻求新原理的过渡时期。

开创近代建筑的新局面困难重重。要想突破这一困难局面，需要有卓越的感知能力与直觉。同时，若与其他人共同思考，则无法寻求到这一共性。它需要凭借个人的力量去突破近代建筑的壁垒，而得到的结果又需要能够成为可与他人共享的原理。

事实上，"凭借个体超越个体"，这本身是一件非常困难的事。我以为，无论是发现或者创造，都是个人的行为。当然，在建造之时要凭借团队合作，然而要让个人提出的方案博得大家的认同，却是最为困难的。

仙台媒体中心在设计伊始，即便是我们这些设计人员也很难想象出它建成后的样子。但在建成之后，它所获得的并非是模棱两可的评价，而是完全被人们所接受。这一点很好地在仙台媒体中心建设时得以实现。然而说实话，如果放手去做，连我自己都无法确信设计出来的建筑是否真正能够为人们所认可。我必须凭借积累的经验去做出判断，并且同时思考，是否能够因此创造出超越时代且为人类所共享的建筑思想。反言之，就是在自己的建筑中切实地形成一种具有超凡意义，可以沿用到下一代的思想。为此，我们更应当去追求展现个性的建筑表现。

当然，在设计过程中，我也曾有过不安，我会思考着"这样的表现手法是否会始于个体又终于个体，我是不是已经误入歧途？"心中也会一次次质疑自己"这样真的没问题吗？""凭借个体超越个体"，是一种非常困难的尝试，然而这确实是通往新世界的唯一途径。

因此，这次通过"大众之家"所学到的东西意义重大。因为我从中得以确信，建筑师可以同他人，例如居住在临时性住房中的人们达成共通的东西。这与我参加威尼斯建筑双年展欲实现的目的是一样的。我相信，只要我们愿意共同努力克服建筑师身上的利己主义，那么不管是如何另类的设计表现，都会让"凭借个体超越个体"成为可能。虽然直到如今我们依旧在不断尝试反复摸索，但我相信，这些努力一定会最终引领我们进入建筑的新时代。

后记

东日本大地震发生前期，我在"座·高元寺[1]"举办了庆祝个人工作室创立四十周年的宴会。"座·高元寺"是由我的工作室设计的剧场。我们租下了可容纳二百八十人左右的地下大厅，在那里，以研讨会的形式就这四十年来建筑界的发展状况进行了回顾。研讨会共分成四个板块，我分别邀请了矶崎新、原广司、藤森照信、石山修武、塚本由晴等建筑界的论客，以及仙台市市长奥山惠美子女士和中泽新一先生等人登台，为我们讲述他们心目中的建筑。

因为单纯的演讲会略显单调，因此会议期间还安排了由工作室员工表演的机械舞等才艺展示。我也趁此机会，在会议开

1　位于东京都杉并区的杉并艺术会馆。由伊东丰雄建筑事务所设计建造。——译者注。

始之时为大家演唱了一首演歌[1]，北岛三郎的《祭礼》。这首歌我经常会在卡拉 OK 唱一唱权当解闷，也一直想找个机会在舞台上一展歌喉。但登上舞台唱过之后我却甚是后悔，因为表现得实在是太糟糕了。唱卡拉 OK 的时候，自己的声音明明可以和背景乐融为一体，但当站到台上时，背景乐却好像是从远方传来的。于是我便仿佛是在舞台上孤独地自言自语一般。这次经历让我深刻反省，今后再不会做这种傻事了。

回想起来，我开始喜欢演歌，是在大约四十多年前的一九七一年，也就是我创立自己的工作室之时。因为当时几乎没什么工作可做，每天一大早工作室内就流淌着森进一、八代亚纪[2]和藤圭子等歌手的乐曲。七十年代停滞的日本经济酝酿出的忧郁空气，同阴暗低沉的演歌曲调形成了一种莫名其妙的和谐之感。

随后当我去到一些地方城市工作的时候，演歌在我同当地人沟通时发挥了很好的润滑剂效果。例如当我接到设计"八代市立博物馆·未来之森"的邀请造访八代市时，市长曾问起我是如何知道八代的。当时我条件反射般地回答道："因为这里是八代亚纪的故乡。我收集了她所有的光盘。"结果当天晚上便被邀请到当地的霓虹街演唱了她的歌曲。

1　用独特唱腔演唱的日本传统歌曲。——译者注。

2　日本熊本县八代市出身的著名演歌歌手。——译者注。

许多人都在问我，"伊东先生所设计的都是轻盈透明的都市建筑，那为何喜欢唱的歌却是深沉忧郁的演歌呢？"我虽然会很淡然地回答他们说，事实就是如此，我自己也很难说出个所以然，但是真正当地震发生之后我才发现，原来这一落差是存在于我自身内部的一个本质性的矛盾。

我虽然可以通过歌曲同当地的人们很好地沟通，然而通过建筑却未必。我想，这一情况不单单发生在我的身上，也许我身边的其他建筑师们也同样如此。然而，把这一事实仅仅归结为当地人对建筑的不理解，这样真的合适吗？

换而言之，怎样的建筑才能真正得到当地人们的理解呢。如今想来，从地震灾害发生之后开始的"大众之家"这一小项目当中，我似乎发现了一些端倪。要解决这一问题，需要我们同当地人们携手，共同思考、共同行动。而这就需要我们首先去打破迄今为止一直固守的"建筑"这一框架，从零开始重新审视问题。

我们在仙台市宫城野区和釜石市建造的"大众之家"绝非是都市型的建筑，也不包含任何个人的独特展现。其结果却让我们通过建筑和当地的人们实现了心与心的交流。因此，解决这一问题是有路可循的。

我坚信，从这里出发，一定可以实现对今后建筑的思考。我也充分地预感到，新建筑定会从这里起步。"建筑，从那一天开始……"

对我个人而言，二〇一一年是一个极其特殊的年份。这一年，工作室创立四十周年纪念、3.11大地震发生、伊东建筑塾创办、今治市伊东丰雄建筑美术馆开馆等等。对我而言，有错愕亦有混乱，有忧郁亦有困惑。还有和不同地方的当地居民们一次次邂逅，让我在体会到感动的同时也有了新的发现。就在这一期间，我接到了出版社的联系，询问我是否愿意针对自己的建筑轨迹、在灾区的活动以及关于灾后建筑的思考接受采访，并将受访内容以书籍的形式出版。在那之后，每隔一两个月，我会接受来自自由撰稿人玲木布美子女士的采访，在该采访记录的基础上，我用一些时间对内容进行了修改和调整，如今作品终于能够以现在的形式呈现在大家面前。因此借此机会，我想对对仍处于迷茫阶段的自己进行采访的玲木布美子女士，以及始终微笑着给予我鼓励的出版负责人金井田亚希女士，表示由衷的感谢。